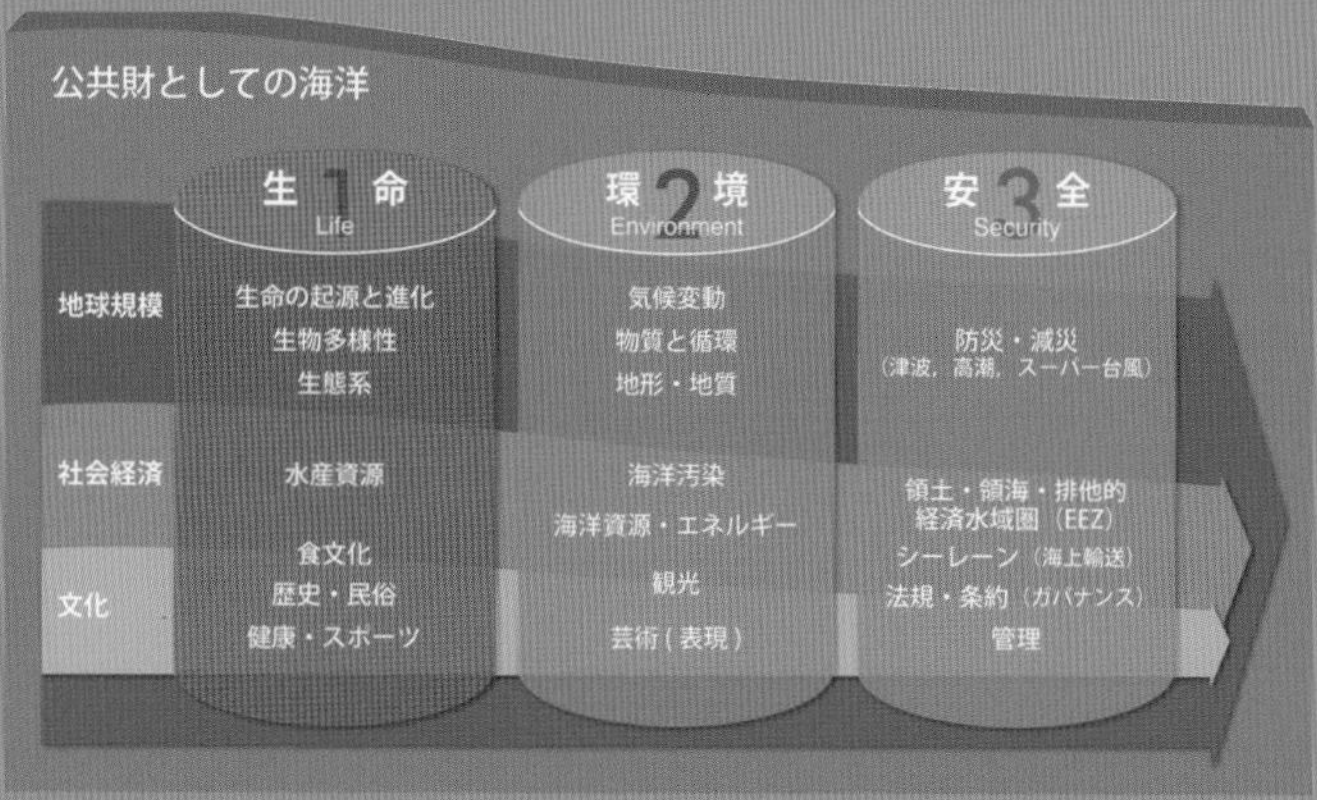

口絵1 東京大学の海洋教育の3つの柱
（本文はじめに参照）

出典：茅根創・及川幸彦・田中智志「海洋教育の3つの柱 - 生命、環境、安全 -」
海洋教育ポリシーブリーフシリーズ No.6　https://www.cole.p.u-tokyo.ac.jp/curriculum/1446 ）

口絵2 マッコウクジラに取り付けるデータロガー
（本文第1章図 1.5 参照）

海上に姿を現したマッコウクジラにデータロガーを取り付ける様子（左）。10～13 メートルの長い棒の先端に装置一式が取り付けられている。小型のボートでクジラの後ろから忍び寄り、シーソーのように長い棒を降り下ろし、吸盤でペタンと取り付ける。行動記録計と動物カメラをつけた吸盤タグ（右）。

口絵3 バイオロギングで分かったザトウクジラの肥満度と繁殖状態、季節回遊との関連
（本文第1章図 1.7 参照）

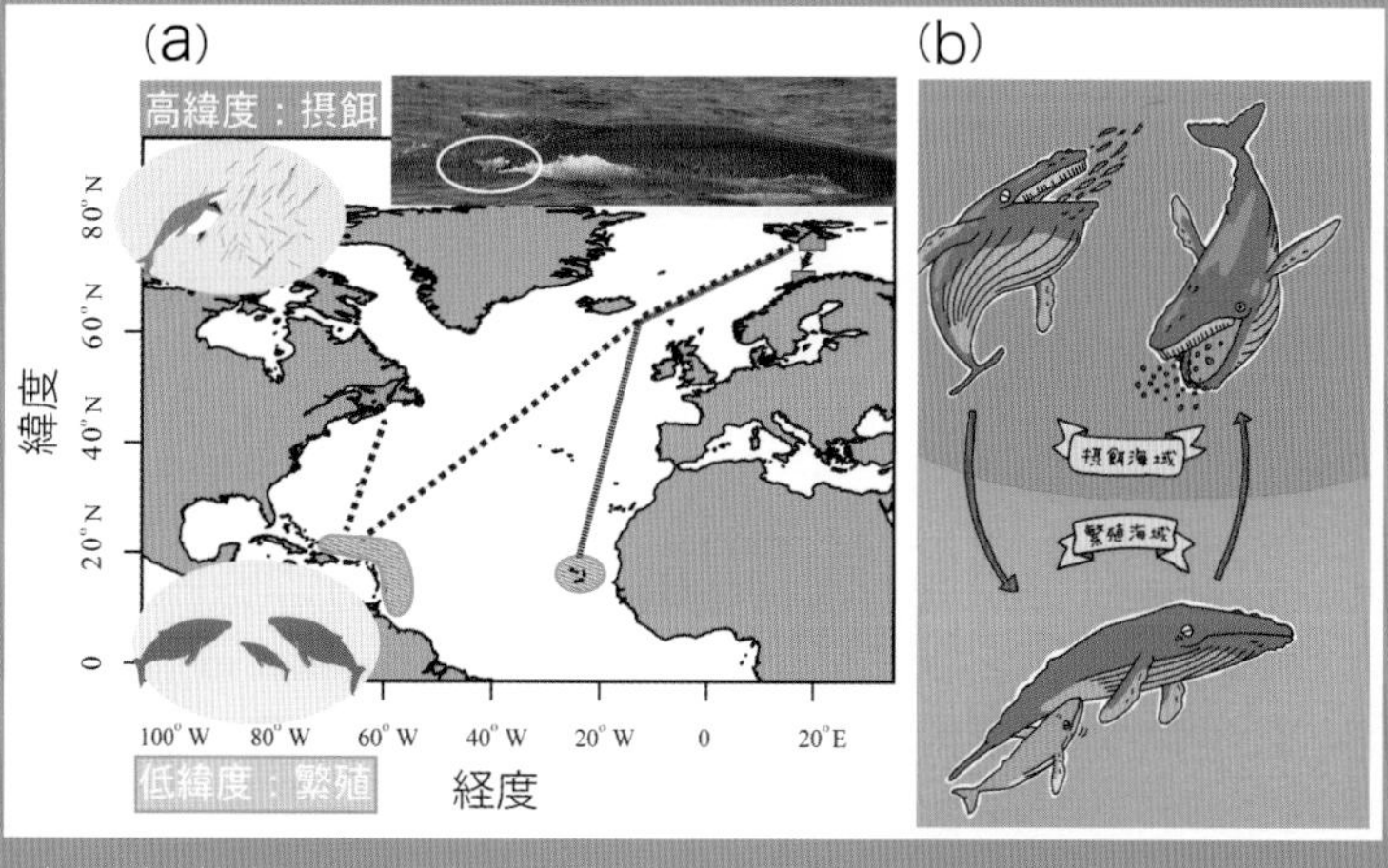

北半球のザトウクジラは、冬から春に繁殖のために低緯度の海域に留まり、夏は摂餌のために高緯度に移動する。(a) クジラに行動記録計を取り付け（白丸）、泳ぎ方から摂餌域のクジラの肥満度を調べた。調査海域は緑で塗りつぶされた地点。(b) 肥満度が最も高かったのは妊娠中のメスで、逆に、最もやせていたのは、高緯度の餌の豊富な摂餌海域へ戻ってきたばかりの授乳中のメスだった。クジラの子育ても大変だ。

口絵4 劣化した洗濯バサミの電子顕微鏡観察像

（本文コラム①図 1 参照）

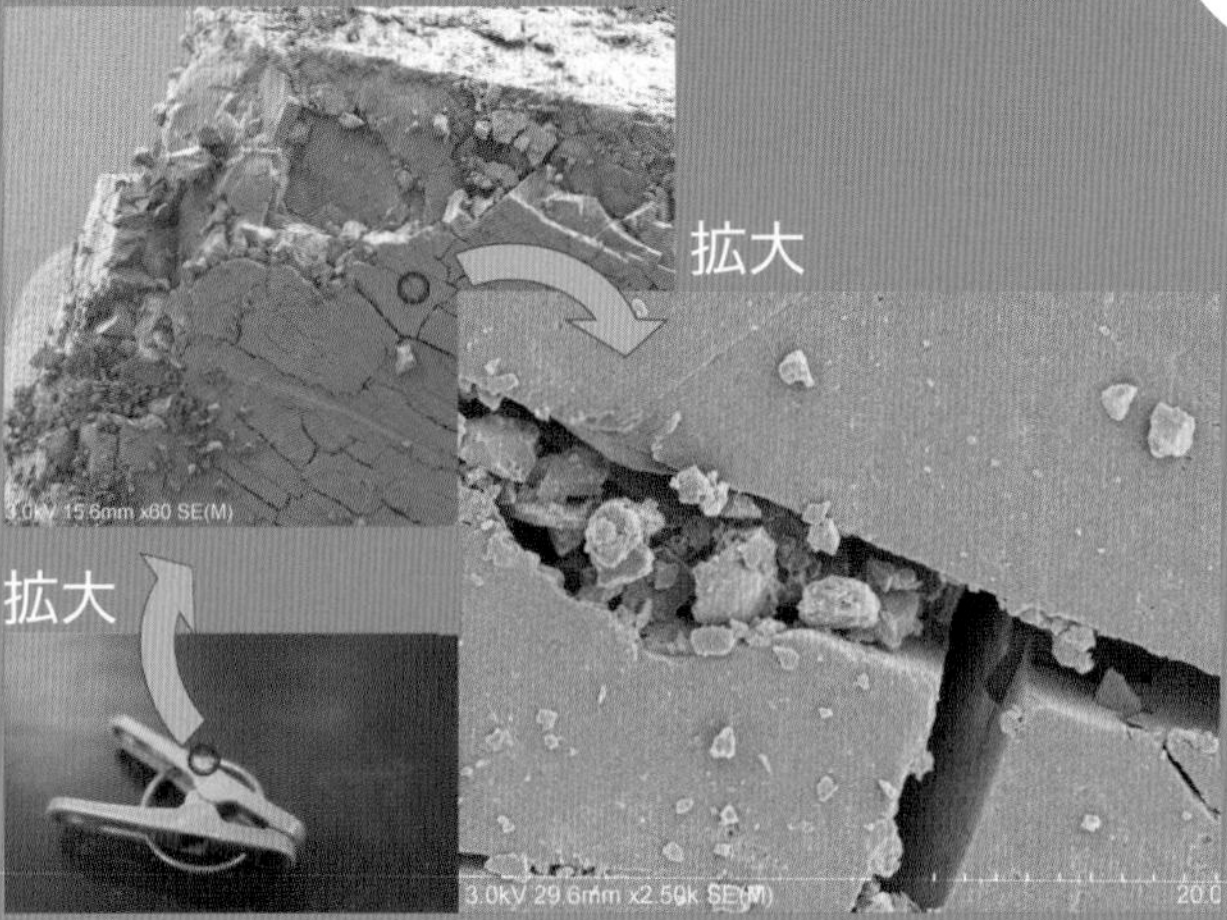

一般的に使われている洗濯バサミ（左下）。実際に屋外で使っていたもので、赤い丸で囲った部分で割れて壊れてしまっている。赤い丸の部分を電子顕微鏡で拡大して観察したところ（左上）、表面が細かく割れ、マイクロプラスチックが崩れ落ちて発生していることが観察できる。さらに赤いい丸の部分を拡大すると、1 マイクロメートル以下の極微小なマイクロプラスチック粒子も多数観察される（右下）。

口絵5 世界の海にすむ生物種の多様性分布

（Tittensor et al., 2010）
（本文第 2 章図 2.1 参照）

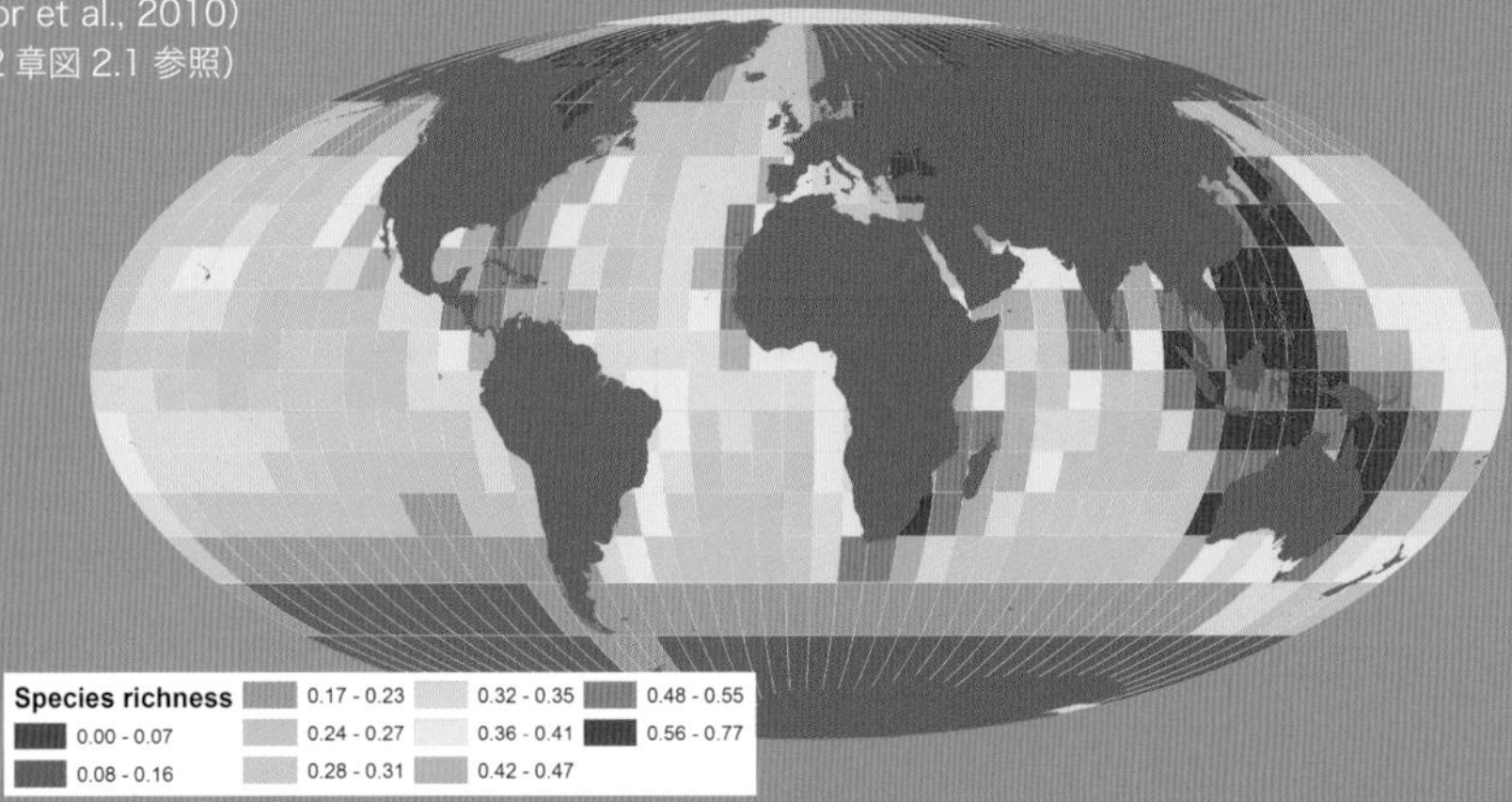

口絵6バイオミネラリゼーション

（本文第2章図2.7参照）

口絵 7 ドワーフグーラミーの産卵
（本文第3章図3.1（b）参照）

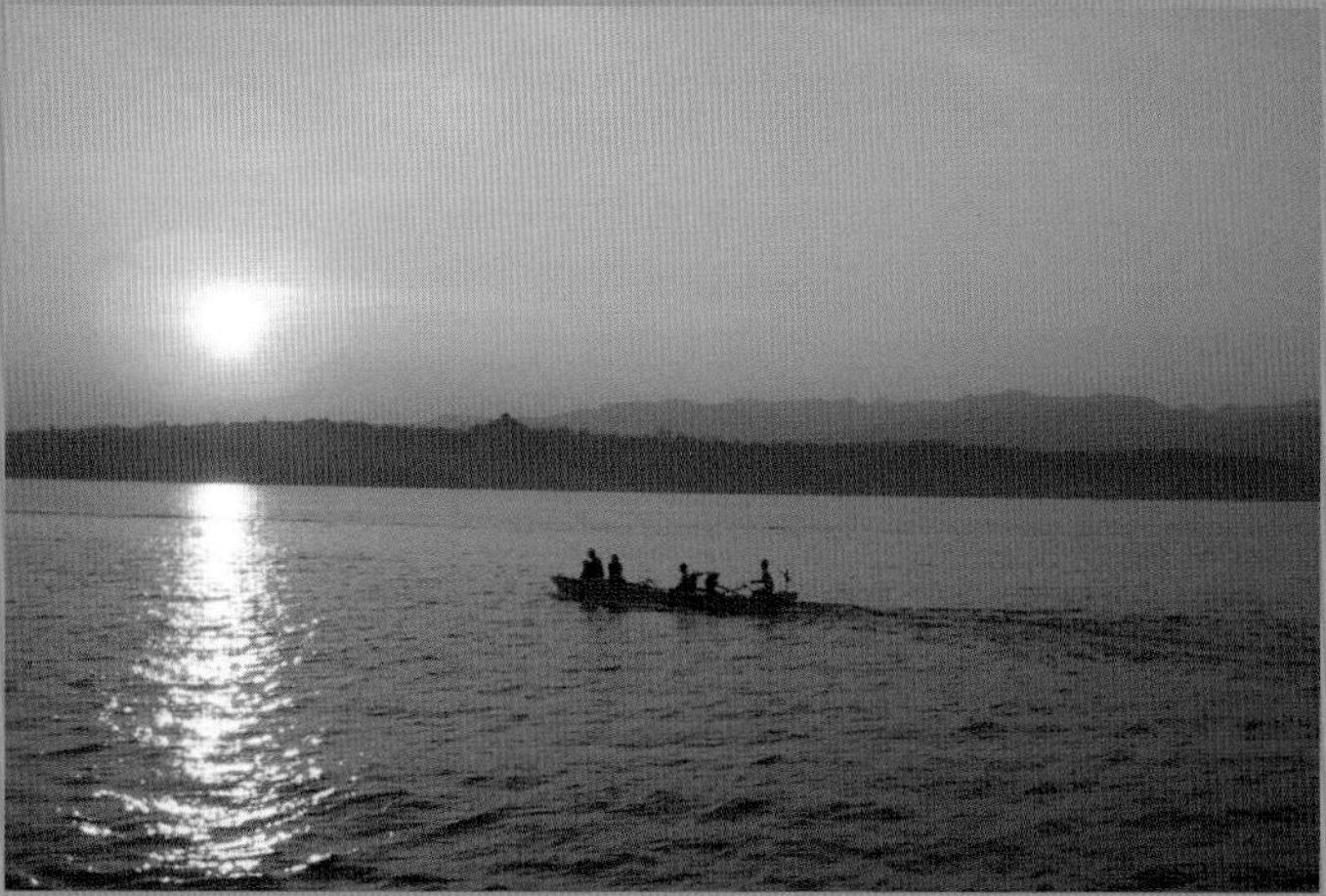

口絵8 熱帯に生息するウナギの産卵場の一つと推定されているインドネシアのトミニ湾
（本文第4章図4.5参照）

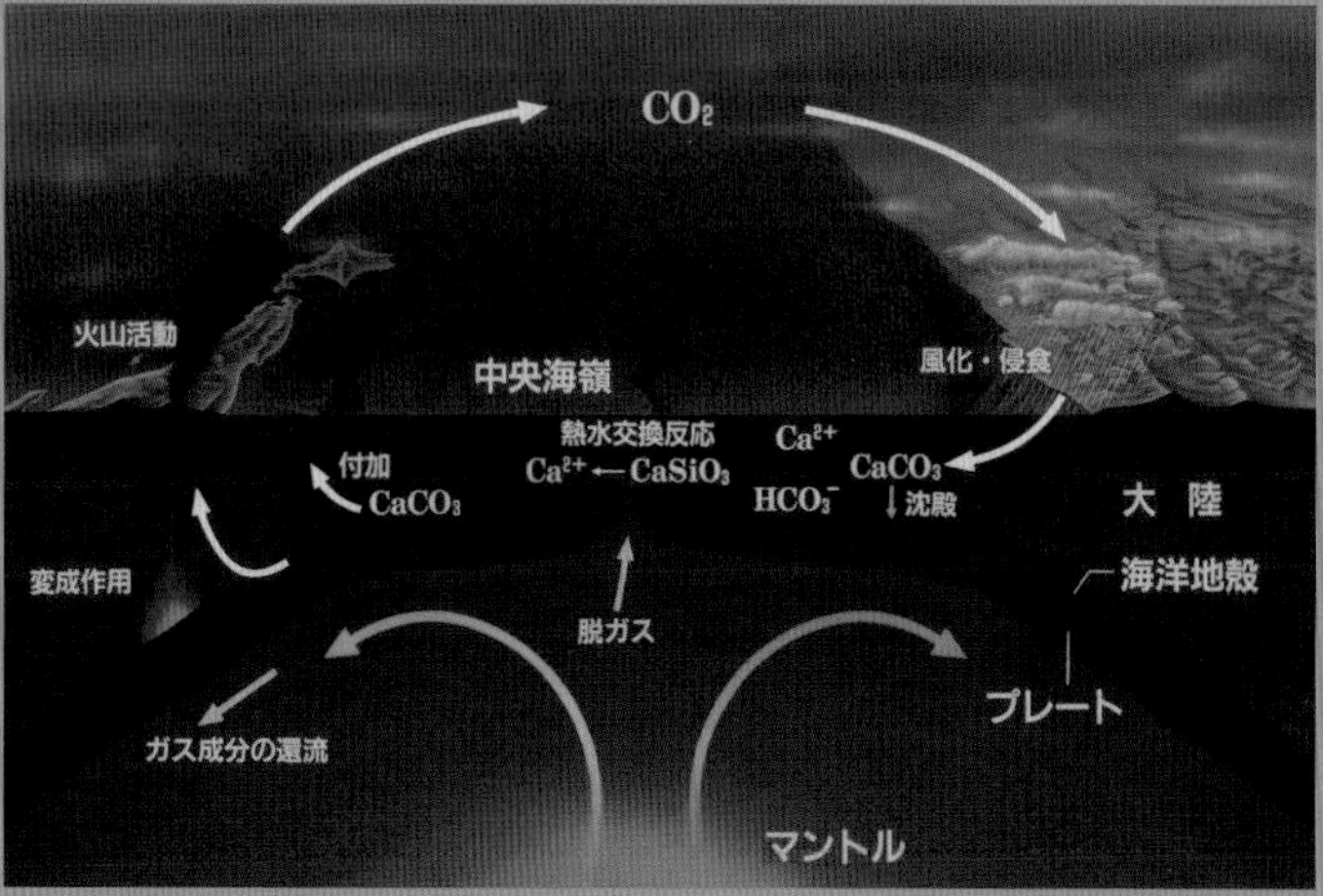

口絵9 大気中の二酸化炭素濃度が調節される仕組
（本文第 5 章図 5.3 参照）

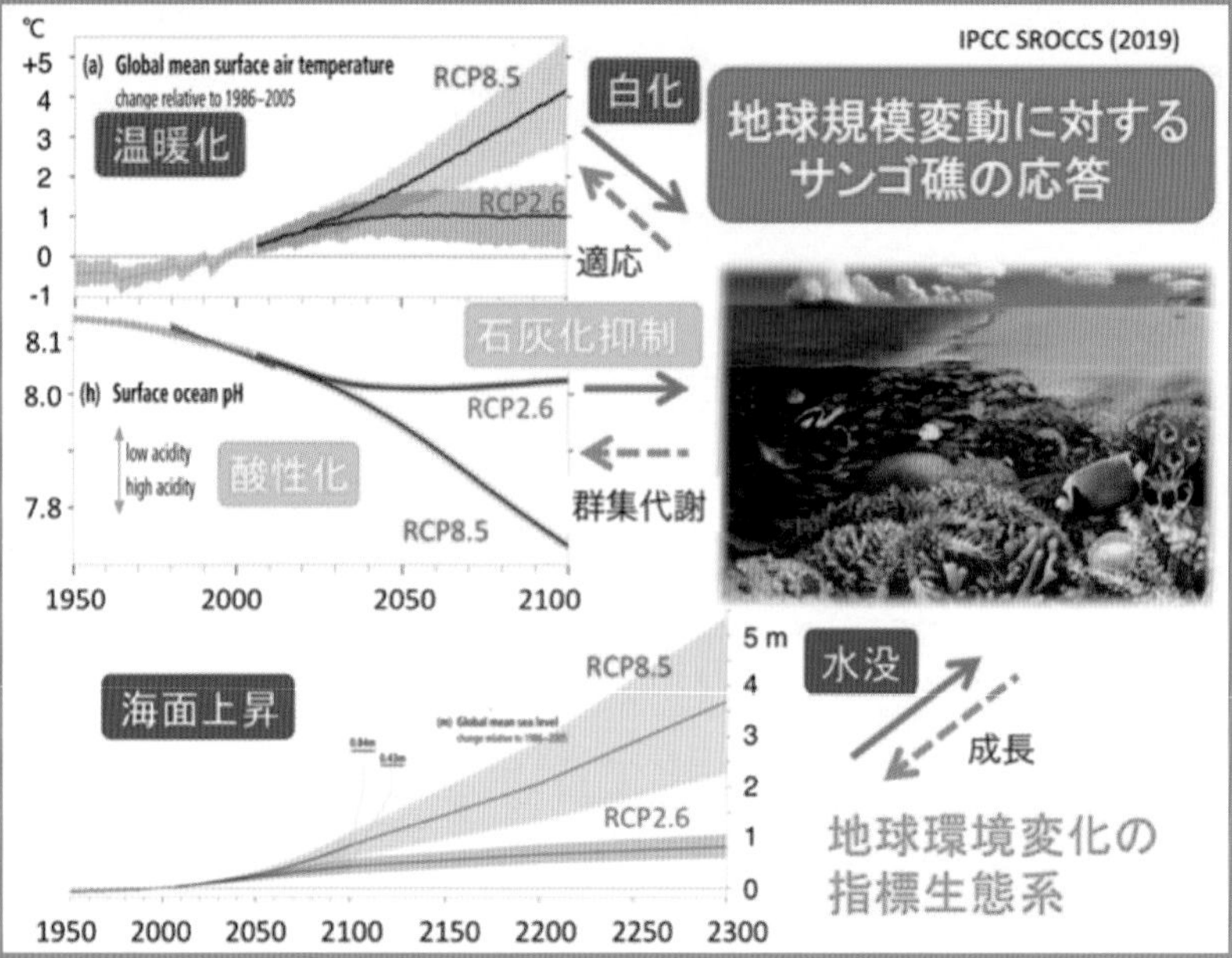

口絵10 地球規模変動に対応するサンゴ礁の応答（本文第 6 章図 6.1 参照）
きれいなサンゴ礁は豊かな生態系を育んでいるだけではなく、地球温暖化に関するさまざまな現象と密接に関係している。

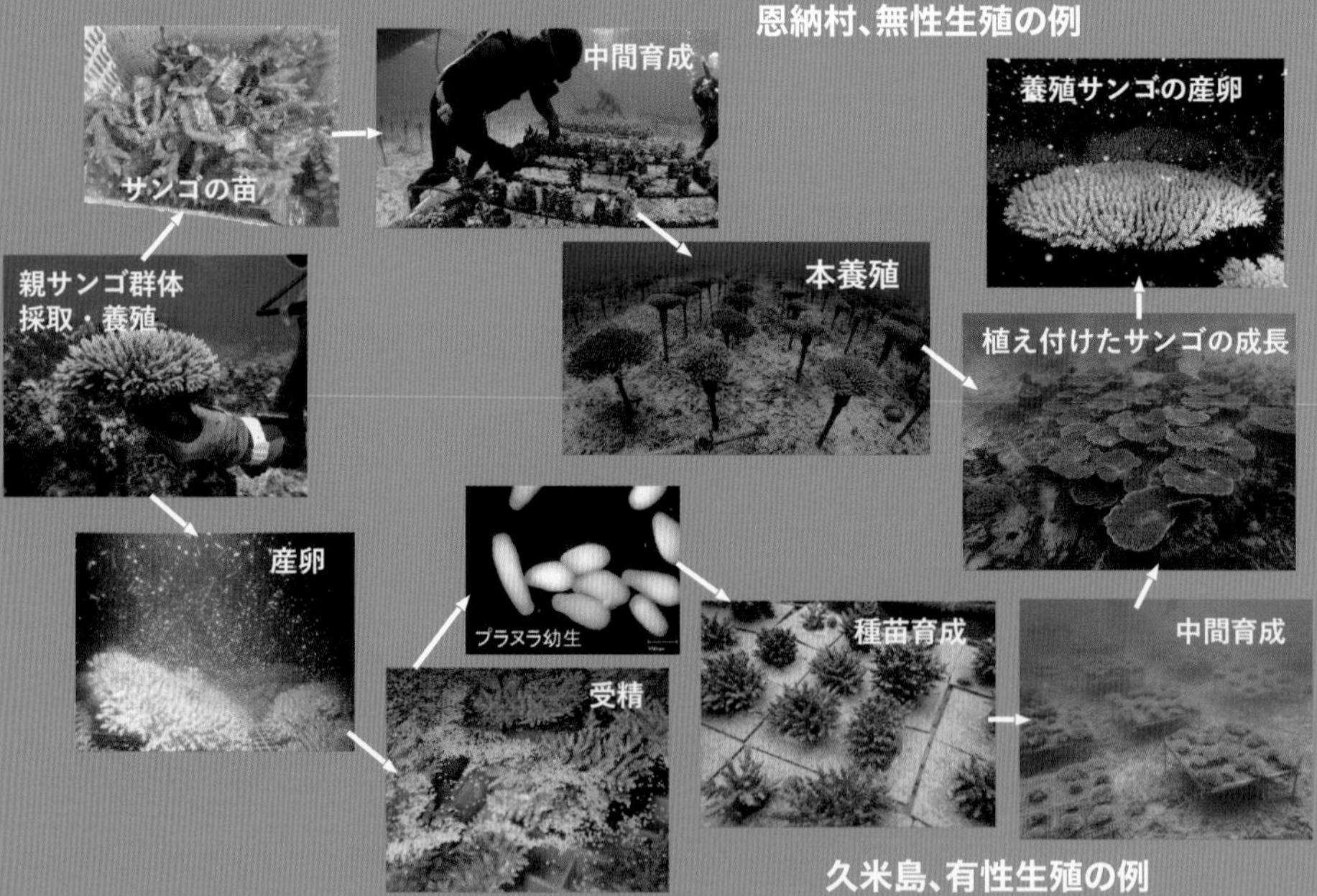

口絵11 恩納村と久米島のサンゴ養殖方法（本文第 6 章図 6.6 参照）

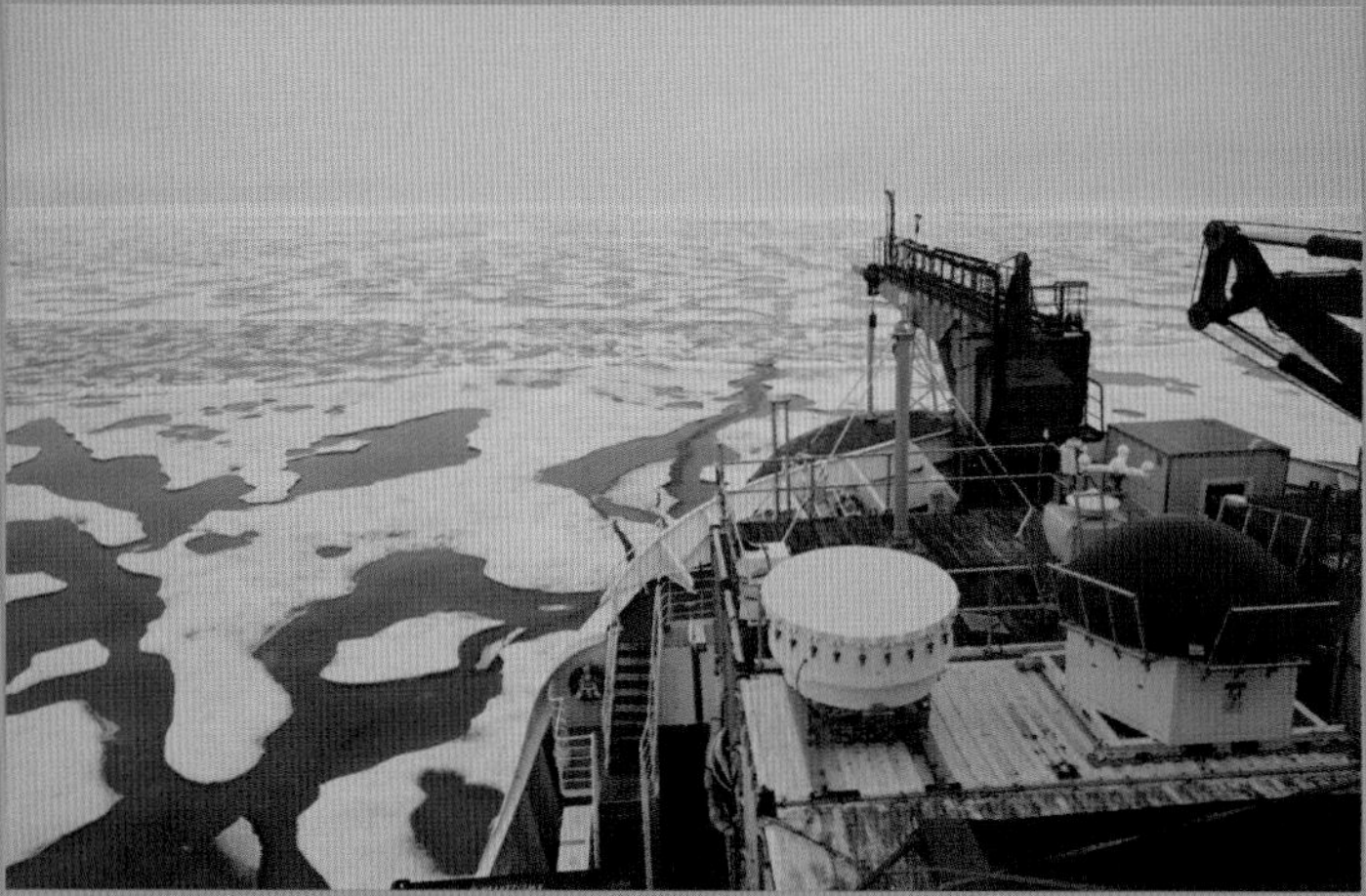

口絵12 北極海の様子
（本文第７章図7.2参照）

白い部分が海氷で、黒く見える部分が氷が溶けたメルトポンド。
写真：北海道大学　野村大樹

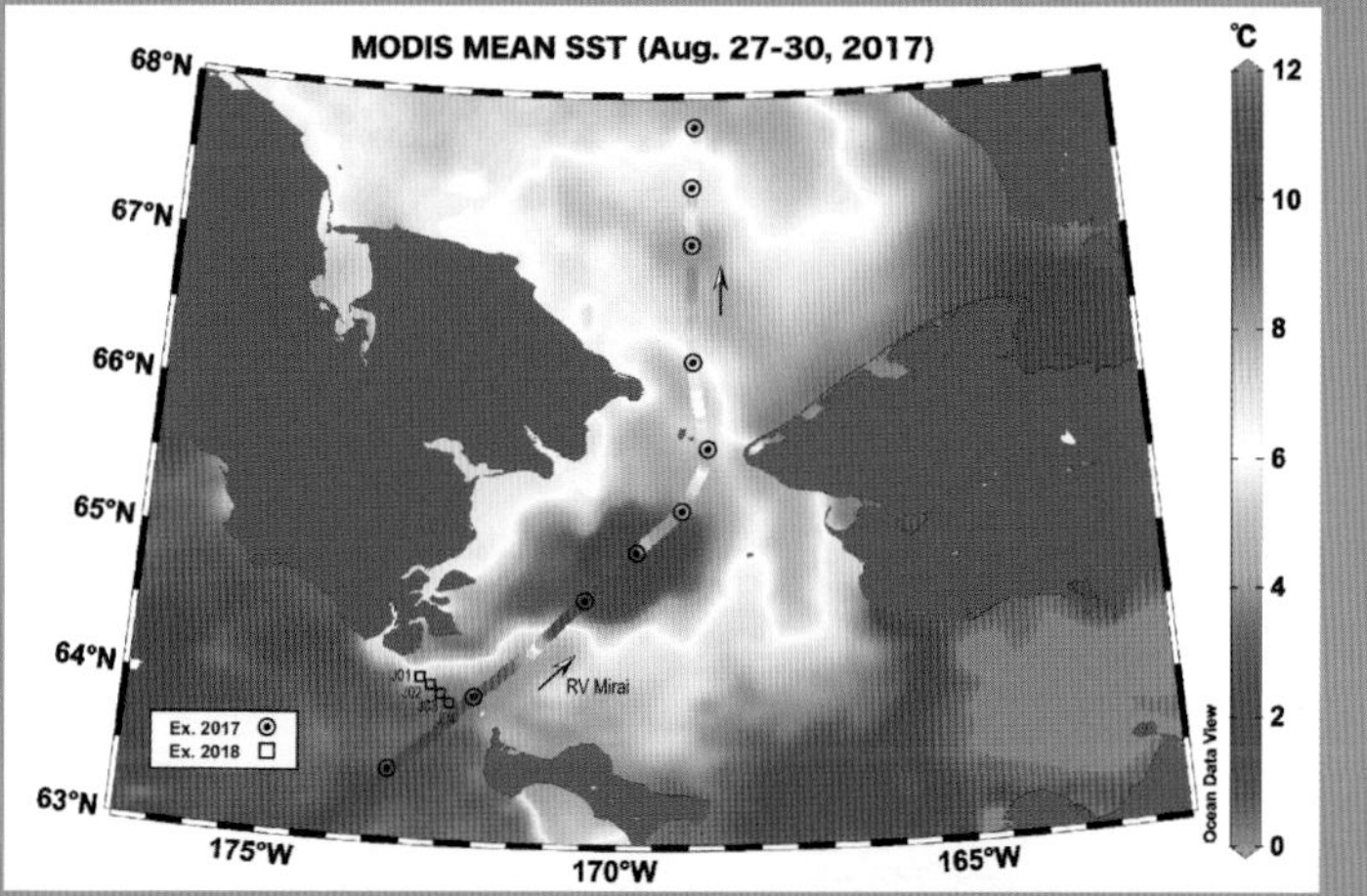

口絵13 人工衛星によるベーリング海峡付近の海面水温
（本文第７章図7.3参照）

ArCS プロジェクトで海洋地球研究船「みらい」による観測ポイントも示す（◉は 2017 年、□は 2018 年の観測ポイント）（Kawaguchi et al., 2020）。

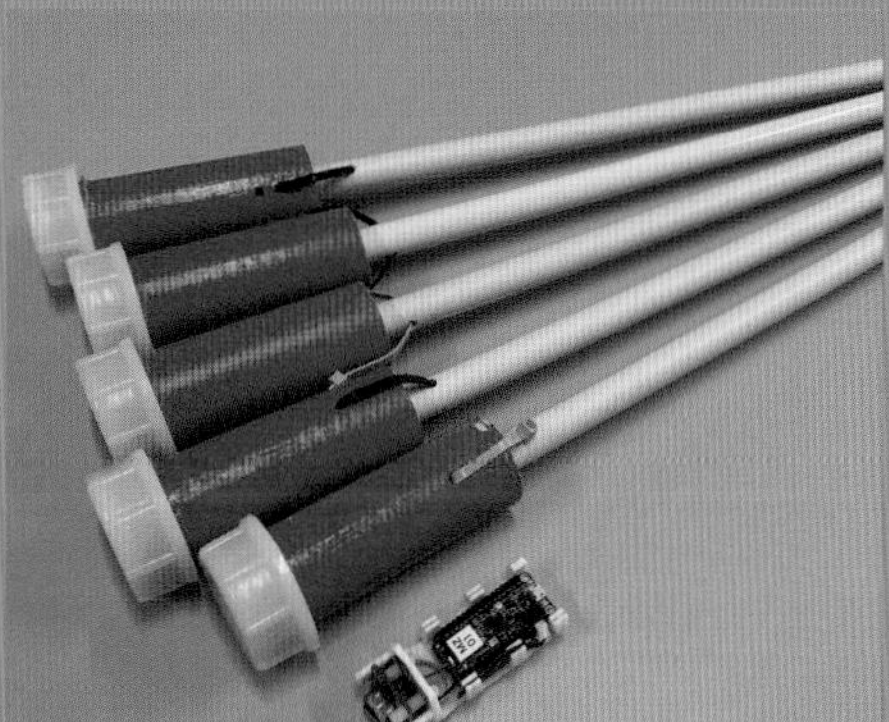

口絵14 沿岸海域での観測ツール（本文第８章図8.3 参照）
プロジェクト初期における沿岸海域での観測ツールの試験の様子（左）、現在使用している観測ツール（右）。

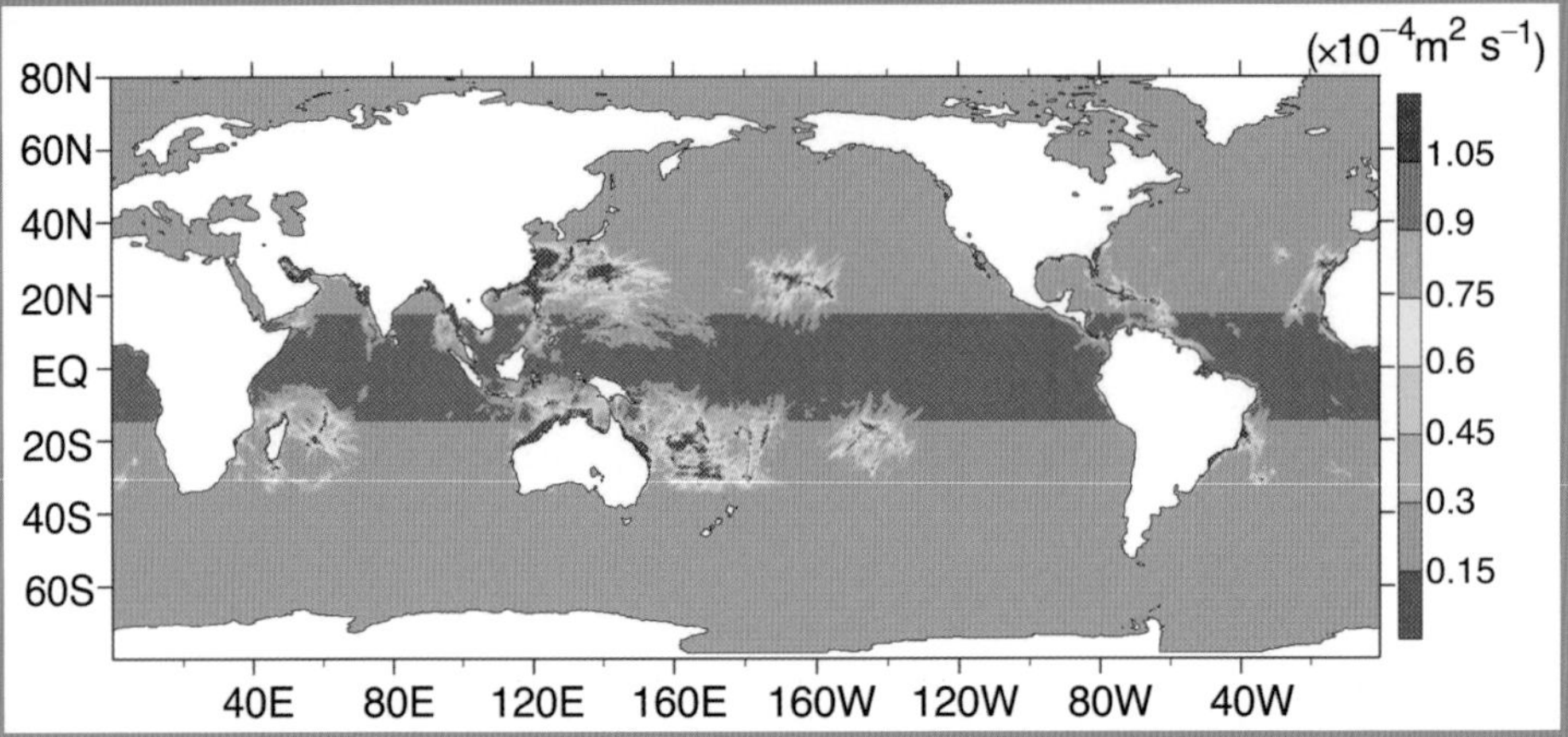

口絵15 乱流混合強度のグローバルマップ（本文第 9 章図 9.5 参照）

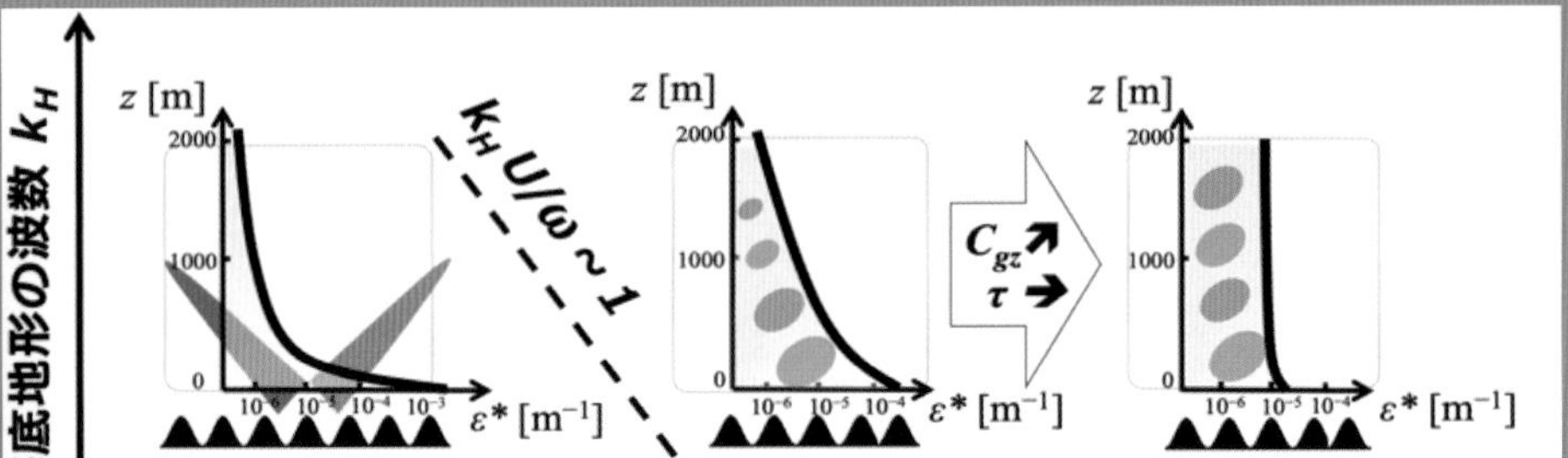

口絵16 潮流により海底凸凹地形上で形成される乱流ホットスポットの鉛直構造とそのパラメータ依存性（Hibiya et al., 2017）（本文第 9 章図 9.8 参照）

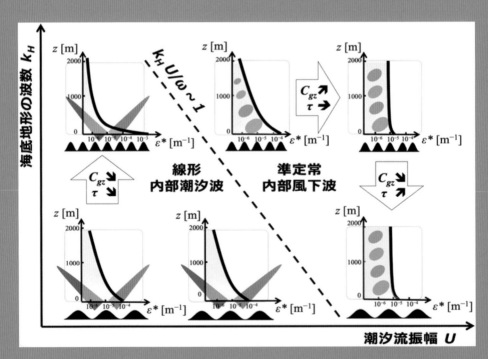

現在

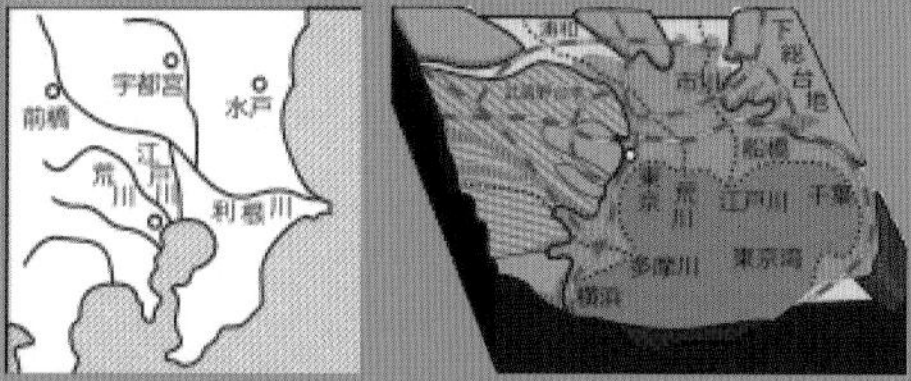

現在の東京湾

2 万年前

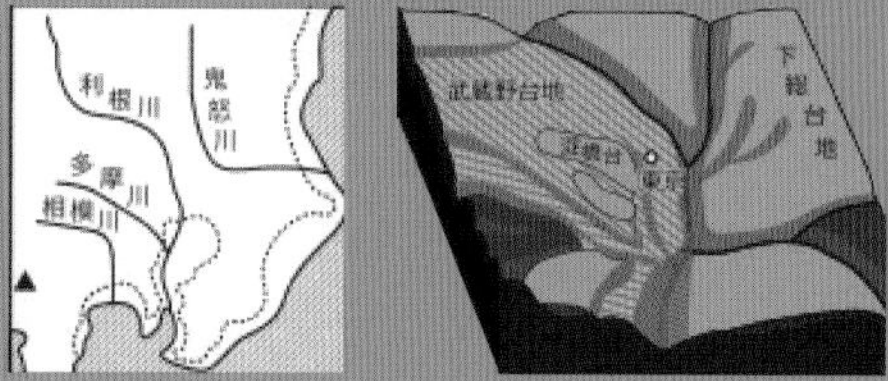

2 万年前。古東京湾のほとんどが陸地となり、古東京川が大きな谷を刻んだ

6 千年前

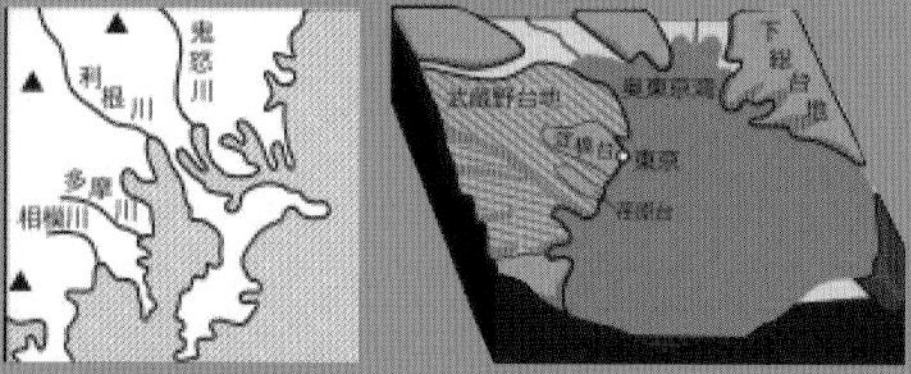

約6000年前の縄文海進。貝塚跡から当時の海岸線が分かる

10 万年前

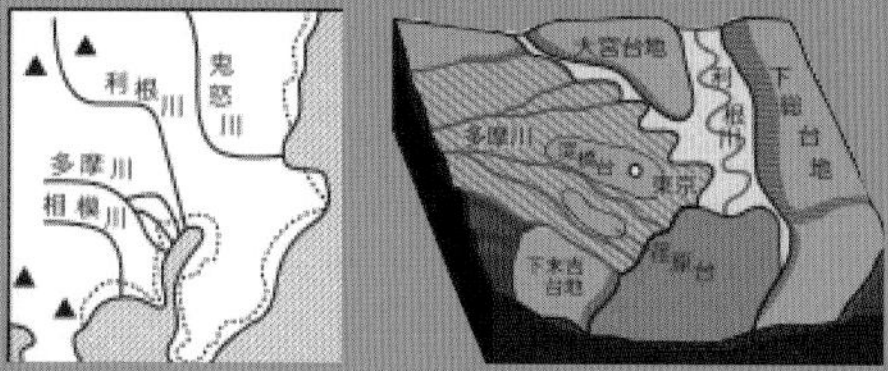

8 〜12万年前。武蔵野台地のもととなる扇状地が形成された

12 万年前

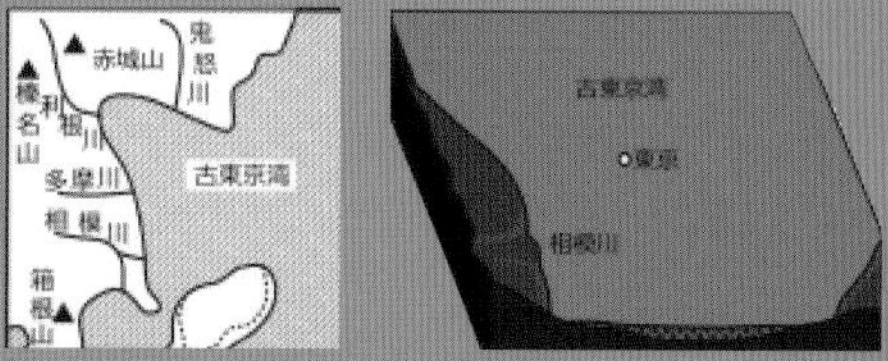

約12万年前の下末吉海進。間氷期で海面の高さが現在より数メートル以上高く、東側に開いた広い湾だった

口絵17 古東京湾の時代ごとの変化
（貝塚爽平による）
（本文第 10 章図 10.3 参照）

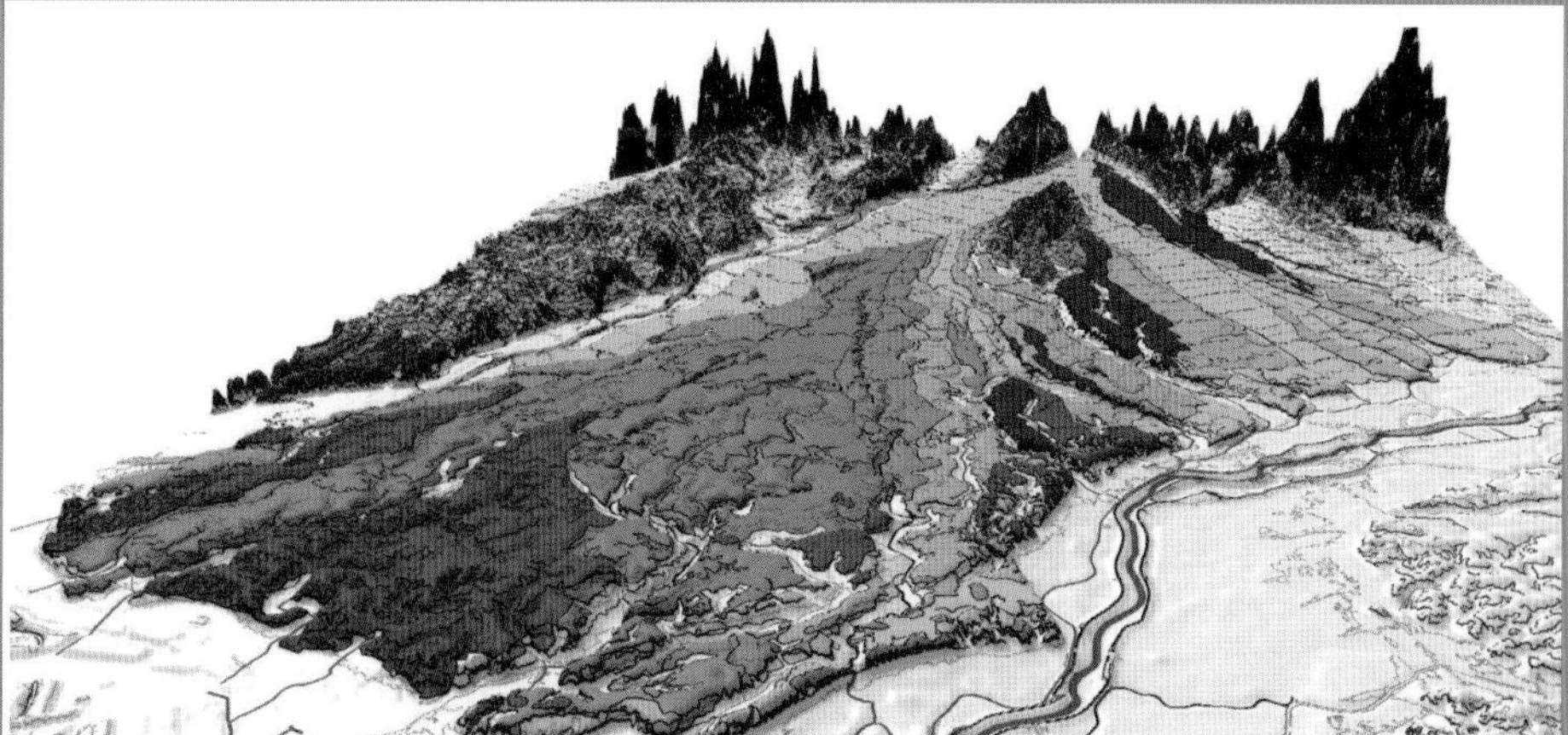

口絵18 武蔵野台地の3D地形区分図（本文第 10 章図 10.4 参照）
好きな角度から時代ごとの地形を見ることができる（遠藤ほか , 2019）。

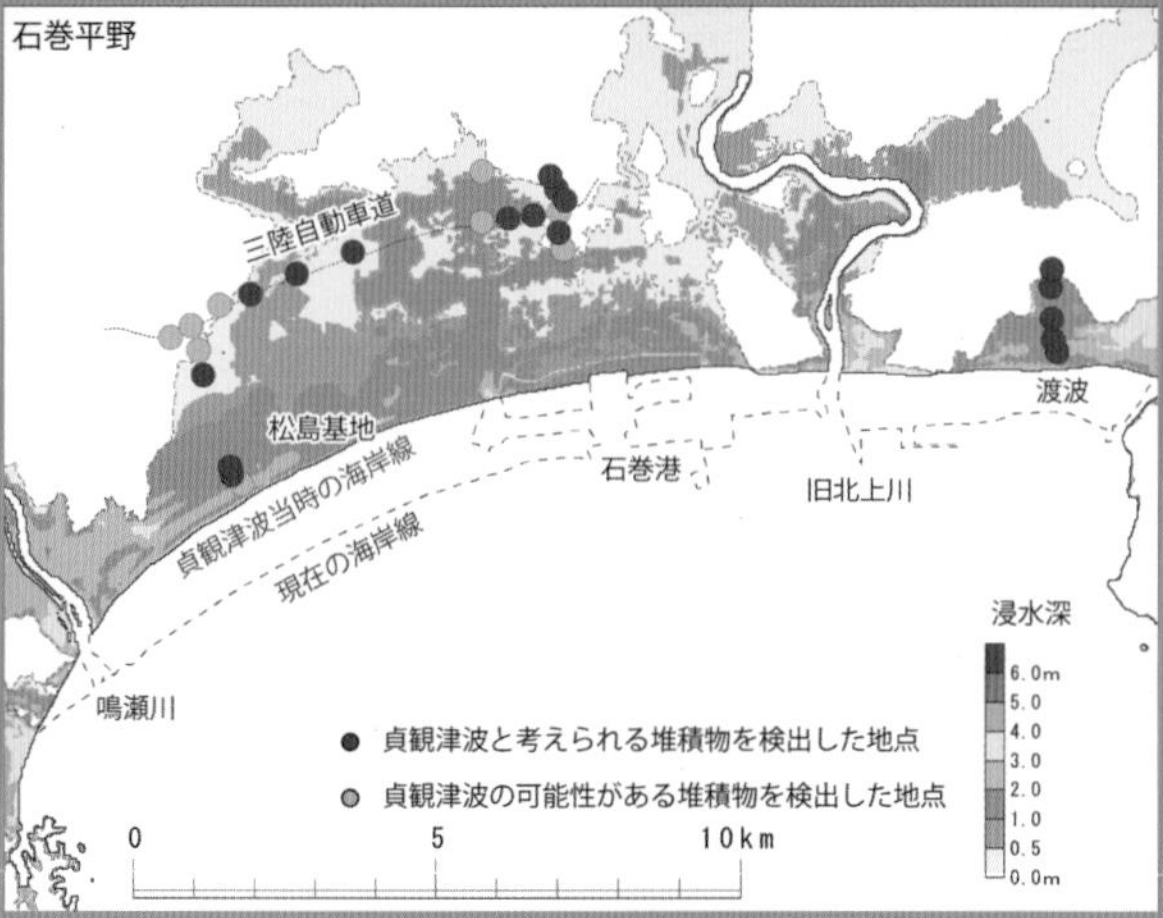

口絵19 貞観地震による津波堆積物が確認された位置とシミュレーション結果
（本文第 11 章図 11.3 参照）

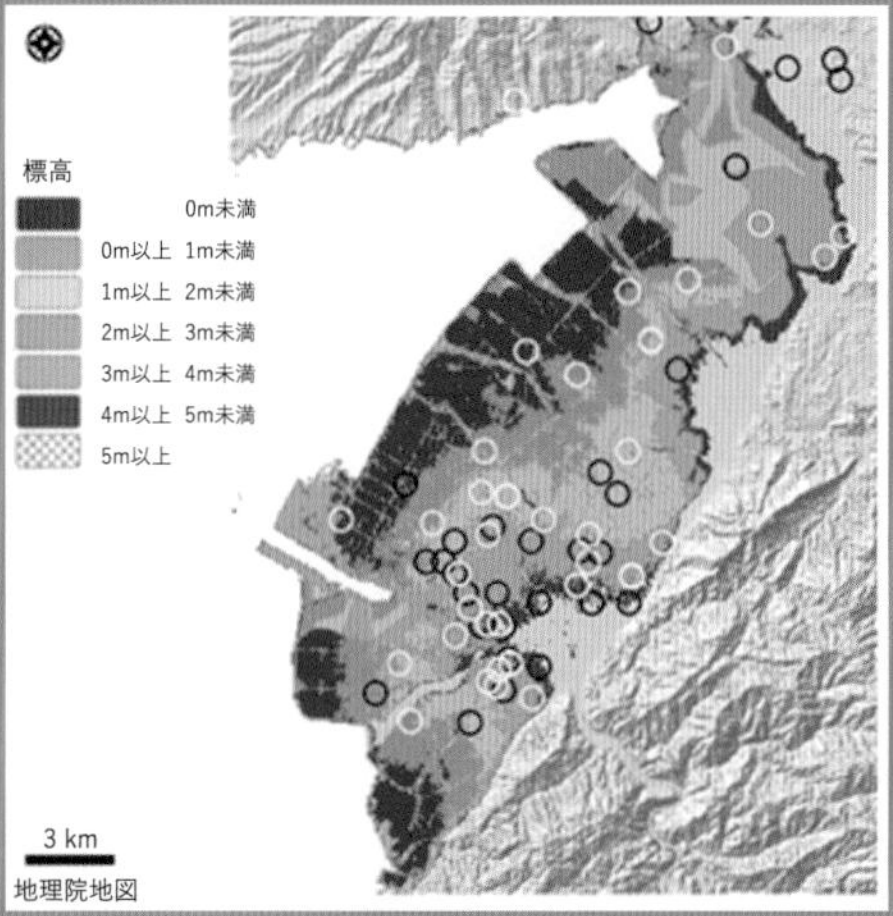

口絵20 熊本県の八代平野における要配慮者施設の立地状況を示した図
（研究対象地域とは異なります）
（本文第 11 章図 11.5 参照）

標高が 5 メートル以下の部分を色分けしている。江戸時代から干拓地として海側へ土地を広げていった部分で、標高が低いため津波や高潮の被害を受けやすい。

口絵21 三陸沿岸での津波堆積物調査
（本文コラム⑩参照）

白っぽく見える層が津波堆積物。

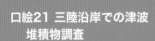

東京大学の先生が教える
海洋のはなし

東京大学大学院教育学研究科附属海洋教育センター
茅根 創　丹羽淑博 編著

成山堂書店

はじめに

海は**生命**が産まれた場であり、進化を通して生命の多様性を支え、私たちに水産物として食べ物を与えてくれます。地球上の水の97%は海にあり、海水とそこに溶け込んださまざまな物質の循環を通じて、地球**環境**変化を駆動しています。また容れ物である地形は、数千年、数千万年という長い時間を通じてダイナミックに変化して、海と陸との接する海岸に私たちの生活の場もつくってきました。**安全**という視点からは、日本は、海によって守られ、世界とつながっているだけでなく、津波や地震などの災害を受けることもあります。このように海は**生命**、**環境**、**安全**の3つの柱でとらえることができます（口絵1参照）。

この3つの柱はさらに、地球規模、社会経済、文化という横串で相互につながっています。たとえば海が駆動する地殻変動や気候変動は災害に、物質循環は生態系とつながり、水産資源を通じて漁業や食文化にも関わります。

どの柱についても、海にはまだまだ分からないことがたくさんあって、研究のフロンティアになっています。このフロンティアに、生物学、地学、地球物理学、水産学、工学さらには人文社会科学など、さまざまな分野の研究者が挑み続けてきました。東京大学でも、いくつもの学部や研究所の研究者が、世界の最先端の海洋研究を進めています。

東京大学大学院教育学研究科附属海洋教育センターでは、最新の海の研究を海洋教育に適用するために、研究者との協同を進めてきました。本書は、その総まとめとして、海の研究の最前線を、中学生・高校生の皆さんに分かりやすく伝えることを目的としてつくられたものです。研究内容を伝えるにあたっては、サイエンスライターが研究者にインタビューして、その内容をまとめるという形をとりました。ライターが皆さんの立場に立って、専門的な内容をかみ砕いて解説してくれました。

また、各章の末尾に、それぞれの研究者に、研究の動機や海への思い、エピソードについて一問一答を付け加えていますので、研究の背景や研究者の人となりや思いにも触れることができます。さらに、皆さんへのメッセージや参考文献も加えましたので、将来海の研究をしてみたいと思われた方は、ぜひ参考にしてみてください。

コラムには、研究の内容を皆さんの教室でより実感してもらえるような実験や、補足的な解説、さらには本書では取り扱うことができなかった人文科学的な側面を、主にセンターの特任研究員だった方々が書いてくれました。各章の内容をより深く理解して、実践する手がかりになると思います。

本書は、海に関心のある中学生や高校生が海に対する関心をさらに深め探究活動を進めるためにつくられましたが、教育現場の先生方にも海に対する最先端の知見を広げ、海洋教育にふれるバイブルの一つとしても活用できる内容になっています。もちろん、大学生や研究者、一般の読者も海に対する知見を広げることができるでしょう。生命、環境、安全の順に並んでいますが、興味のある章から読んでいただければよいと思います。

それでは広く深い海の探究の旅を存分に楽しんでください。

２０２３年２月

編著者　茅根創・丹羽淑博

――目次――

「東京大学の先生が教える海洋のはなし」

#01 動物目線で調べる海洋動物の暮らし：海洋生態系の保全に向けたバイオロギングの活用

東京大学大気海洋研究所　海洋生命科学部門
青木かがり
取材・構成　藤井友紀子

■動物の行動からその意味を知る

動物のことを知るための学問

昔から動物たちの行動の意味を知ることは難しい課題でした。動物たちに「どうしてそういう行動をするの？」と聞いてみても「実はね……」とは答えてくれません。家でイヌやネコなどのペットを飼っていたら、毎日多様な行動やしぐさに驚かされます。また、そんな行動を見ていたら、ペットの気持ちが分かるような気がしてきます。

かつて、動物たちの行動を理解するために、いろいろな動物を家の中で飼育していた研究者がいました。動物行動学の父と呼ばれるコンラート・ローレンツ博士です。例えば、ローレンツ博士はコクマルガラス（ハト大のカラス）から、口や耳の中にミールワーム（小さな幼虫）を突っ込まれることがありました。そんなことをされたら誰だって不快に思うでしょう。しかしそれは、コクマルガラスにとって愛情の表現であり、ヒナやメスに餌を与える行動と同じだったのです。

また、ハイイロガン（カモ目カモ科の鳥類）のヒナが、孵化後初めて動くものを親と思

#01
動物目線で調べる海洋動物の暮らし：海洋生態系の保全に向けたバイオロギングの活用

い込み、あとをついて行く「刷り込み」を有名にしたのもローレンツ博士です。

動物のことを「よく知りたい」と思うのであれば、知りたいと思う動物や周りの環境をよく観察することが大切です。普段から身近にいる動物であれば、その行動を観察できるかもしれません。しかし、人前になかなか姿を現さない野生動物だったらどうでしょう？まして、海の中にすんでいたら？　簡単に様子を見に行くことはできませんよね。ところが、技術の発展により、海の中の動物の行動や周辺環境を観察し、その生態が少しずつ分かるようになってきました。

動物自身が記録する新しい観察方法

海は地球の表面積の約70パーセントを占めているのですから、海の動物の暮らしを知ることは地球全体の生態系を知ることにもつながります。

全海洋の平均水深は約３７００メートルと推定されており、太陽の光は２００メートルよりも深い海の世界には、わずかしか届きません。薄暗いまたは漆黒の闇に包まれた深海に生息する生き物や深海へと潜水する動物がいます。そんな海の動物をどうやって観察したらよいのでしょうか？

人が行けないのなら、動物たち自身に観察してもらいましょう。それがバイオロギングという方法です。

バイオロギングという言葉は、なんと、日本の研究者たちによって２００３年に行われた国際シンポジウムで提案されました。バイオ（生物）とロギング（記録）をつなげた新

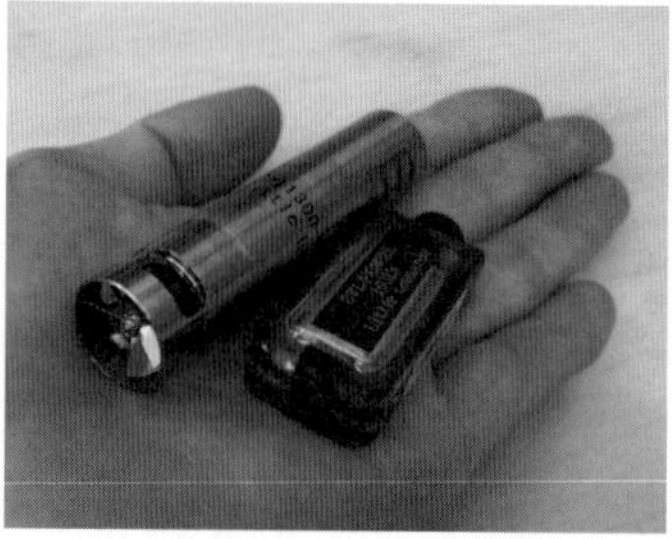

図1.1　バイオロギングに使われる装置（リトルレオナルド社製）。3次元データロガー（左）。装着した動物の遊泳速度や加速度を測定し、遊泳経路を3次元的に再現することができます。ビデオロガー（右）。動物の周辺の様子を撮影します。

しい言葉です。

バイオロギングそのものは、人を恐れず機器を取り付けやすい南極のアザラシを対象に1960年代から始まりました。バイオロギングの創始者の一人である生物学者のジェラルド・クーイマン博士は、キッチンタイマーを改良した水圧記録装置を南極のウェッデルアザラシに取り付け、潜水時間と潜水した深さを明らかにしました。

人が直接観察することの難しい動物に、データロガーと呼ばれる小型の記録計を取り付け、動物の暮らしや周りの環境を調べます。もちろん、データロガーを取り付けることで、動物に負担がかからないように、また普段の行動を邪魔しないように、十分に配慮します。どんな記録が取れるかというと、温度、圧力、塩分、遊泳速度、加速度、地磁気、位置、映像、酸素濃度、音、心電図などで、調べたい内容によって、取り付けるデータロガーを選びます。

例えば、海に潜っていくウミガメがどんなものを食べているか見たいときには、甲羅にカメラをつけ、併せて深度計や水温計を付けることもあります。

記録が取れたら今度は回収作業です。記録計を回収するために再度動物を捕獲することができない場合は、装置一式が動物の体から自動で切り離され、やがて海面へ浮くようにします。装置が浮いてくる位置は衛星から送られてくる位置情報により分かるので、その周囲を探します。回収できないと全てのデータとこれまでの苦労が水の泡になってしまうので、回収作業は必死です。

装置を回収できたら、すぐにデータの確認を行います。研究者にとって、最も緊張する瞬間です。きちんとデータが取れていればとても嬉しいですが、もしデータが取れていなければ、どんな気持ちになるかは想像におまかせします。

■データロガーの記録が明かす未知の世界
ウミガメは海洋ごみを飲み込んでいた！

岩手県沿岸の大槌湾周辺のアカウミガメとアオウミガメがどんなものを食べているのか調べるために、定置網で混獲されたウミガメの甲羅にビデオカメラが取り付けられました。すると、アカウミガメは、これまで「ウニや巻貝類などの海の底にすむ生物を食べている」といわれていたものの、水中に漂うクラゲを頻繁に食べていることが分かりました[1]。

一方、アオウミガメは、海藻類などをよく食べますが、クラゲなどの動物も少し食べていることが分かりました[2]。また、ビデオロガーの映像からさらに明らかになったことがあります。それは、ウミガメが食べ

図 1.2　マッコウクジラの頭部に小型のデータロガーと静止画カメラロガーを取り付けた様子。
（写真：山谷友紀）

物ではないプラスチックなどの海洋ごみを誤飲していることでした[2]。

プラスチックごみの誤飲の回数を詳しく調べてみると、アオウミガメは、アカウミガメの3倍を超える割合で誤飲をしていたのです。映像には、クラゲなどの動物をよく食べるアカウミガメが、漂っているレジ袋に近づいていく様子が映っていたものの、餌ではないと判断して素通りする様子が映っていました。しかし、海藻などの動かないものを主に食べるアオウミガメは、ふわふわと波間を漂うレジ袋やごみ袋をどうやらクラゲと間違えて飲み込んでしまうようでした。

図 1.3　アオウミガメが半透明のレジ袋に近づいていく様子。人間の出した海洋ごみを餌と間違えて飲み込んでしまうことが分かりました[2]。
福岡拓也氏提供（当時　東京大学大気海洋研究所）

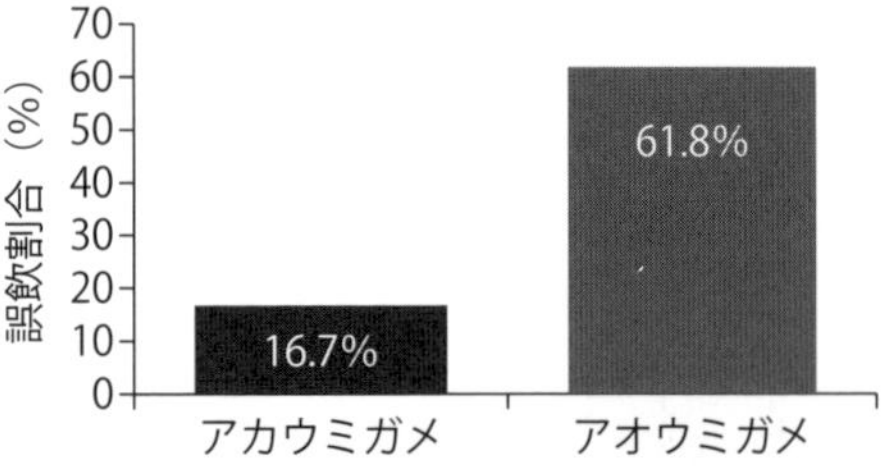

図 1.4　ウミガメがプラスチックごみを飲み込んでしまう割合。アカウミガメはプラスチックごみが漂っていても、餌ではないと分かると素通りします。アオウミガメは、普段動かない海藻を主に食べているので、プラスチックごみをクラゲと間違えて飲み込んでしまうのかもしれません。（Fukuoka et al. 2016 を元に作成[2]）

動物目線で調べる海洋動物の暮らし：海洋生態系の保全に向けたバイオロギングの活用

図 1.5　海上に姿を現したマッコウクジラにデータロガーを取り付ける様子（左）。10 ～ 13 メートルの長い棒の先端に装置一式が取り付けられています。小型のボートでクジラの後ろから忍び寄り、シーソーのように長い棒を降り下ろし、吸盤でペタンと取り付けます。行動記録計と動物カメラをつけた吸盤タグ（右）。（口絵２参照）

人間が出したごみをウミガメが餌と間違えて飲み込んでいること、種によって海洋ごみへの反応が異なることがデータロガーの記録から明らかにされました。幸いウミガメは餌などと共に石なども飲み込むことがあり、消化されないものはそのまま糞として排出されます。誤飲によって死んでしまうわけではありませんが、どのような影響があるか、今後も調べる必要があります。

ついにとらえた！　大型のイカを狙うマッコウクジラ

マッコウクジラは鯨類の中でも深く潜ることで有名です。彼らは、餌であるダイオウイカなどのイカ類を求めて、１日に水面と深海の間を何往復もします。しかし、深海での行動はよく分かっていません。

これまでデータロガーで計測されたマッコウクジラの最も深く潜った記録は、深度１８６０メートルで、ノルウェーの沖合のオトナのオスから得られました。私たちの研究グループは、和歌山県や五島列島沖合、小笠原諸島や根室海峡周辺でマッコウクジラの潜水行動を調べています。どの海域のマッコウクジラも潜水深度は４００～１２００メー

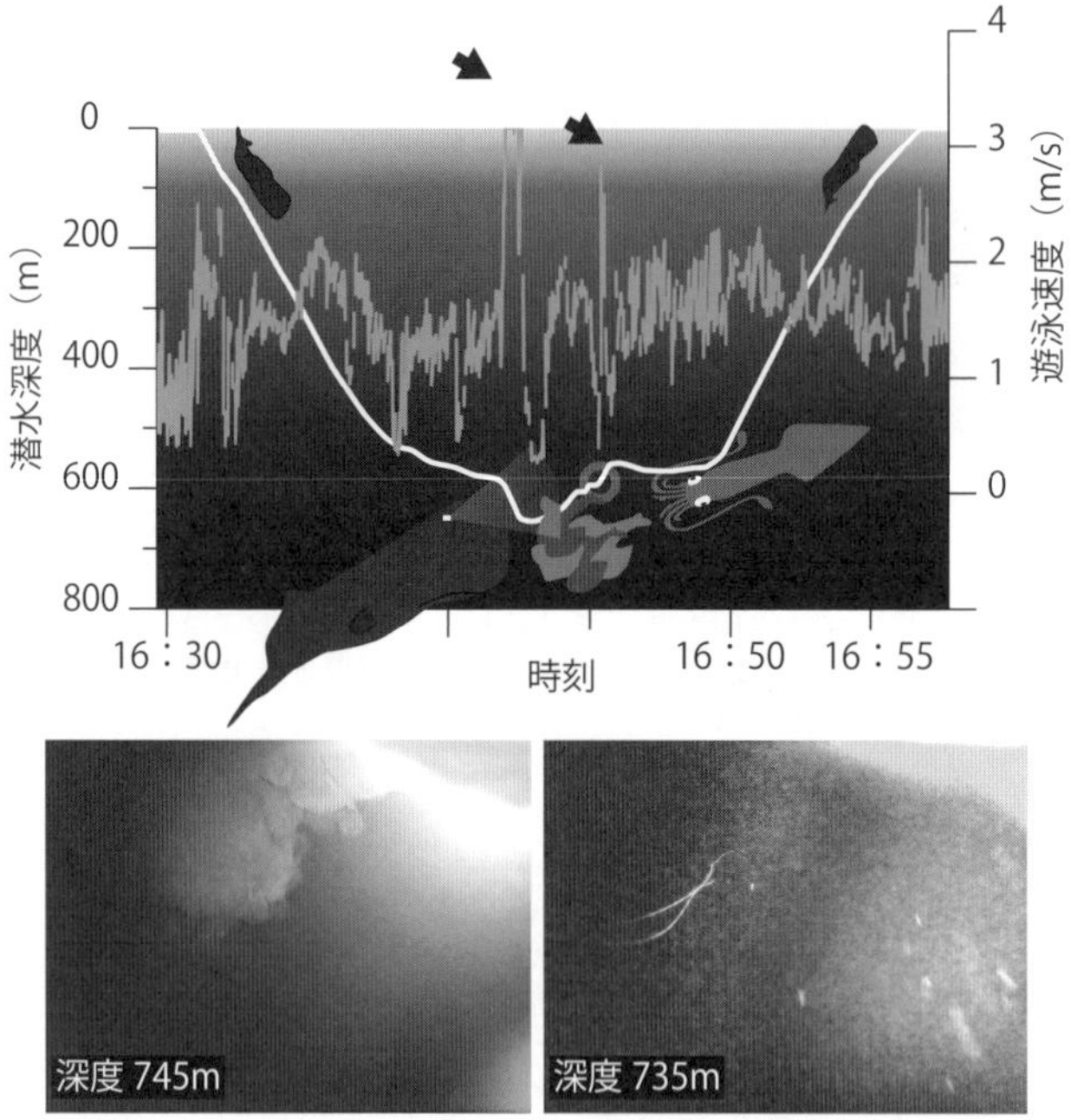

図 1.6　マッコウクジラの潜水深度（白の太線）と遊泳速度（細い灰色の線）（上図）。上の図の、矢印の部分でクジラが高速で遊泳しました。下の写真は、クジラが高速遊泳した際にカメラロガーで撮影された写真です。イカの墨のようなもの（左）や餌の痕跡と思われるもの（右）が撮影されました。

トルの間ですが、海域によって潜水深度の日周性が異なっていることが分かりつつあります。

　マッコウクジラの餌の捕まえ方を知るために、３次元行動記録計を取り付けて、そのデータから潜水深度や遊泳速度を解析しました。

　普段は秒速１・５メートルほどでゆっくりと泳ぐマッコウクジラですが、深度４００〜１２００メートルで、時々普段の倍の秒速３〜４メートルほどの猛スピードで泳ぎだし、急旋回していることが分かりました。かつてマッコウクジラは餌を待ち伏せして捕まえると考えられていましたが、最大で秒速7メートルで何かを追いかけているようでした。

さらに、超小型水中カメラロガーを取り付けて調査を行いました。すると、急加速した深度７００メートル付近で、イカが吐いた墨のような写真や餌の痕跡と思われるものの撮影に成功しました。明らかに獲物を追いかけていることが分かりました。

マッコウクジラは、普段は移動に費やすエネルギーを節約するためにゆったりと泳いでいますが、栄養価の高い大型のイカを見つけた際は、猛スピードで追いかけ食べようとしていたことが証明されました。

■バイオロギングで周辺環境との関わりを考える
：高次捕食者目線の海洋環境モニタリングシステム

泳ぎ方からザトウクジラの肥満度を測る

海洋の高次捕食者である鯨類の栄養状態は、海の豊かさに大きく影響されます。餌がたくさんあればよく太り、餌が少なければ痩せてしまいます。しかし、海で自由に遊泳するクジラの栄養状態を、殺さずに調べることはできません。そこで、私たちは、動物に取り付けた記録計により、泳ぎ方から肥満度を推定する手法を開発しました。脂肪は水の密度より軽いので、太っていれば浮きがちに、痩せていれば沈みがちになります。摂餌海域（餌を食べるためにいる海域）にいる間、推定された肥満度には順調に太っていく季節変化が現れていました。また、授乳中のメスが最も痩せており、数カ月間の摂餌では子育てにより低下した肥満度は回復しないことが分かりました。

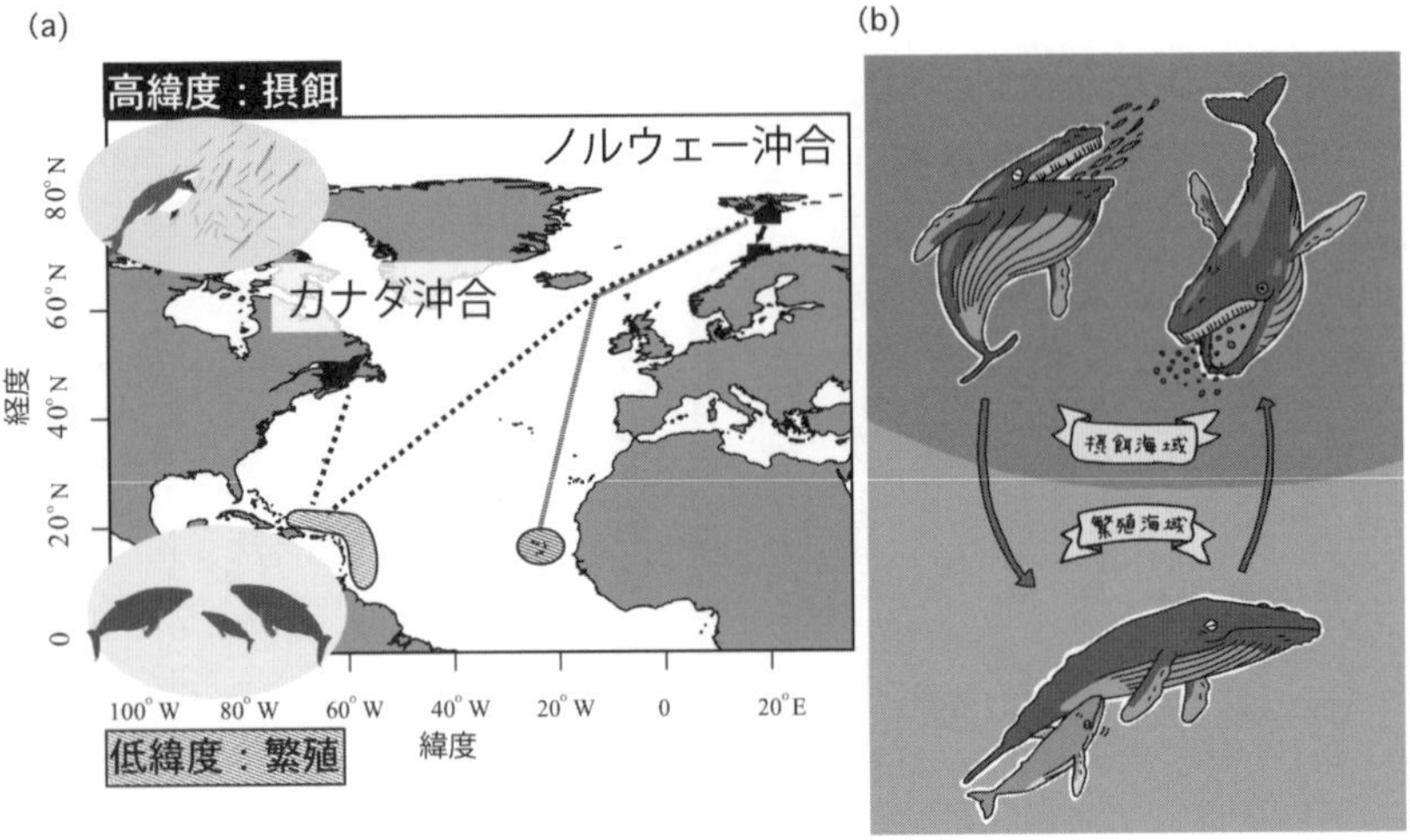

図 1.7 (a) ザトウクジラの季節回遊と調査海域（黒く塗りつぶされた海域）。北半球のザトウクジラは、冬から春に繁殖のために低緯度の海域に留まり、夏は摂餌のために高緯度に移動します。二つの異なる摂餌海域（カナダ沖合とノルウェー沖合）で調査を行いました。主な繁殖海域（黒枠、灰色）は、西インド諸島周辺です。(b) 肥満度が最も高かったのは妊娠中のメスで、逆に、最もやせていたのは、高緯度の餌の豊富な摂餌海域へ戻ってきたばかりの授乳中のメスでした。妊娠、出産、子育てにとても多くのエネルギーを費やしていることが分かります。（口絵３参照）（イラスト：木下千尋）

妊娠中と授乳中の肥満度の差から次の妊娠までに必要な期間をおおまかに推定しました。すると、調査を行ったカナダ沖合では4年ほど、ノルウェー沖では2年ほどかかることが考えられました。妊娠、出産、子育てに必要な莫大なエネルギーは、すぐには得られないもののようです。事実、摂餌海域であるカナダ沖合で、仔クジラを連れているメスの割合が減っていることが報告されています[3]。一方、南極を摂餌海域としている一部の個体群では、半数程度のメスが毎年出産することが報告されています。手に入る餌の量により、妊娠、出産に必要なエネルギーを蓄える期間が変化するのでしょう。今後、気候変動と海域毎の繁殖成功との関連をモニタリングすることが重要です。

クジラなどの海洋高次捕食者は、海洋の見張り番と呼ばれており、その行動や肥満度を知ることは、そこから海洋環境の変化を知る手掛かりにもなっているのです。

■動物の行動を把握し生態系の保全へつなげる

海の高次捕食者が減ると生態系のバランスが崩れる

地球上の生態系は、ピラミッド型でよく表されています。上にいくほど生物の個体数が少なくなり、一番上には、頂点捕食者といって、これ以上捕食されることのない大型動物がいます。海の食物連鎖は植物プランクトンから始まりますが、ピラミッドの上方に位置する高次捕食者も生態系をコントロールする重要な役割を果たしています。

例えば、かつて米国の西海岸には多くのラッコが生息していましたが、毛皮を目的とした乱獲などにより、その生息数が激減しました。すると、ラッコの餌となっていたウニが、ラッコが減ったことで、捕食されなくなり、増えすぎてしまったのです。ラッコがいたときはジャイアントケルプなどの豊かな海藻の森があり、それは魚のすみかや隠れ場所となり、生き物も豊かでした。増えすぎたウニによりジャイアントケルプが食べつくされ、生物の乏しい海となってしまいました[4]。

このように海洋生態系のピラミッドを上位から支える役割を持つ高次捕食者が危機的な状況に追い込まれると、その影響が生態系下位の動植物の増減に影響を及ぼし、海洋生態系全体のバランスが崩れてしまいます。環境変動が原因である場合もありますが、人間による動物の乱獲が生態系に影響を与える場合も多くあります。

海中騒音が海洋動物に与える影響を動物目線で探る

海中には船舶の往来や、地震探査や風力発電などによる騒音が増加しており、海がうるさくなったと言われています。聴覚に頼って生活する水生動物の行動に、海中騒音が悪影響を与える恐れがあります。例えば１５００ｍほど潜水するアカボウクジラは、潜水中にソナーの音を感知すると急浮上する場合があることが、バイオロギングによって分かってきました[5]。アカボウクジラは通常、ゆっくりと水面へ浮上するのですが、急浮上してしまうと十分に減圧できずに体に大きな負荷がかかります。なかにはそれが原因で潜水病になってしまい、陸に打ち上がり死んでしまう個体が存在するほどです。また、ザトウクジラの雄は繁殖海域でソングと呼ばれる音を出して雌にアピールするのですが、船舶の往来がある際は、音を出す頻度が減ったりソングを出すのをやめたりすることが報告されています[6]。

最近は、海洋生物への影響が少ない音圧や周波数帯を研究する動きも増えてきました。一方、人間が考える動物にとっての悪影響と、動物が本当にどう感じるかは別であり、そのギャップを知ることができるのがバイオロギングの強みです。私たちの研究室では、ウミガメや鯨類などの海洋動物の心拍数をとらえるために、動物を傷つけずに心電図ロガーを取り付ける手法を開発しました[7,8]。心拍数を測定することで、行動の変化だけでなく、緊張や安静などの内的な変化を調べることが可能になります。今後、海中騒音などの環境

#01

動物目線で調べる海洋動物の暮らし：海洋生態系の保全に向けたバイオロギングの活用

に対する動物の応答を調べていく予定です。

野生動物と人間が共存する新たな動物観

動物の暮らしを知ることは、人間の暮らしに直接役立つわけではありません。人間は、野生動物から被害を受けることがあり、野生動物を不利益な存在と思うこともあります。しかし一方で、野生動物から得られる資源や有益な情報などもたくさんあります。海洋やそこに生息する生き物たちを守ることは、私たち人間が安全に幸福に暮らしていくことにつながります。生態系の保全には、そこにどんな生き物のつながりがあり、どんなことが起きているのか、現状の把握が必要です。何より、動物たちの暮らしに興味を持ち、皆さんに知ってもらうことが大切だと考えています。バイオロギングで得られたデータは、子どもたちにも分かりやすく、テレビなどのメディアでも取り上げられています。今後、バイオロギングを通して、人間と動物が共存するという新たな動物観を広めていきたいと考えています。

文中の引用文献

1. Narazaki et al. 2013. *PLoS One* 8, e66043.
2. Fukuoka et al. 2016. *Sci. Rep.* 6:28015.
3. Kershaw et al. (2020) *Glob. Change Biol.* 27, 1027-1041.
4. Estes and Palmisano (1974). *Sicence* 185: 4156.1058-1060 pp.
5. Hooker et al. (2019) *Front. Mar. Sci.* 5:514.

6. Tsujii et al. (2018) *PLoS One* 13 e0204112
7. Sakamoto et al. (2021) *Phil. Trans. R. Soc. B* 376:20200222
8. Aoki et al. (2021) *Phil. Trans. R. Soc. B* 376: 20200225.

質問コーナー

・「海」に関心を持ったり、行動生態学の研究をはじめたきっかけは何ですか？

子どもの頃から、海へよく遊びに行っていました。そのため、もともと海も自然も動物も好きでした。20歳の時に、海で泳ぐザトウクジラに出会い「何でこんなに大きな生き物が地球上にいるんだ！」と心を奪われました。海外でも大海原でも出かけていき、精力的に研究を続けているのは「知りたい！　なぜそういう生態なのかを突き詰めていきたい」という気持ちからです。

・研究生活の中でのエピソードがあれば教えてください。

よく失敗します。私は、主にバイオロギング手法を使ってマッコウクジラなどの鯨類の水中での行動生態を調べていますが、新たな生態を明らかにするために、これまで誰もやったことのないことに挑戦することが多いです。ひどく失敗して、高価な調査機材を失ったり成果が得られなかったりすると、心が折れそうになります。研究費を獲得するのも大変ですね（笑）。そのために、たくさん申請書を書いています。

#01

動物目線で調べる海洋動物の暮らし：海洋生態系の保全に向けたバイオロギングの活用

・先生にとっての「海」とは？

とても大切なものです。海が好きというだけでなく、研究を通して海、海にすむ生物の保全に貢献できれば、と思うようになりました。そのために、アウトリーチ活動を積極的に行い、少しでも多くの人に海洋動物の暮らしに興味を持ってもらえるように努めています。特に未来を担う子どもたちに、海を好きになってもらいたいと思っています。

・中学生、高校生に向けたメッセージをお願いします。

実際に目で見て、体験して、たくさん学んでください。読書もお勧めです。

さらに詳しく知りたい方へ

●**東京大学大気海洋研究所　マッコウクジラ研究室ホームページ**
http://fishecol.aori.u-tokyo.ac.jp/aoki/

●書名：**野生動物は何を見ているのか―バイオロギング奮闘記（キヤノン財団ライブラリー）**
著者：佐藤克文・青木かがり・中村乙水・渡辺伸一
出版社：丸善プラネット
出版年：２０１５年

●書名：**ソロモンの指環**（ハヤカワ文庫）
著者：コンラート・ローレンツ（日高敏隆　訳）
出版社：早川書房
出版年：１９９８年

●書名：**バイオロギング―最新科学で解明する動物生態学（WAKUWAKU ときめきサイエンスシリーズ）**
著者：日本バイオロギング研究会（編）
出版社：京都通信社
出版年：２００９年

●書名：**バイオロギング２―動物たちの知られざる世界を探る（WAKUWAKU ときめきサイエンスシリーズ）**
著者：日本バイオロギング研究会（編）
出版社：京都通信社
出版年：２０１６年

●書名：**バイオロギング―「ペンギン目線の動物行動学」（極地研ライブラリー）**
著者：内藤靖彦・佐藤克文・高橋晃周・渡辺佑基
出版社：成山堂書店
出版年：２０１２年

COLUMN ①

アサリの手作り３Ｄ模型でマイクロプラスチック問題を学ぶ

東京大学大気海洋研究所共同利用共同研究推進センター
小川展弘

　近年、海洋ごみ、特にマイクロプラスチックによる海洋汚染問題が世界中で大きな関心を集めています。マイクロプラスチックの発生源は人間社会の利便性を目的として生産・消費されたさまざまなプラスチック製品です。それらが紫外線や熱、風や雨などの自然の力によって小さく砕け、海洋に流出したものが海洋マイクロプラスチックです。例えば、使い古された洗濯バサミの表面を電子顕微鏡で観察すると、それだけでも多くのマイクロプラスチックが私たちの生活から発生しているのが分かります（図１）。マイクロプラスチックは環境中で分解され難い性質があるため海洋にどんどんたまっていきます。世界のプラスチック生産量は増加を続けていますし、難分解性であるプラスチックごみは自然に減少していくことは見込めません。さらに海洋に放出されたマイクロプラスチックの回収は容易ではありません。何も対策をしなければ海洋プラスチック汚染は益々深刻化するでしょう。

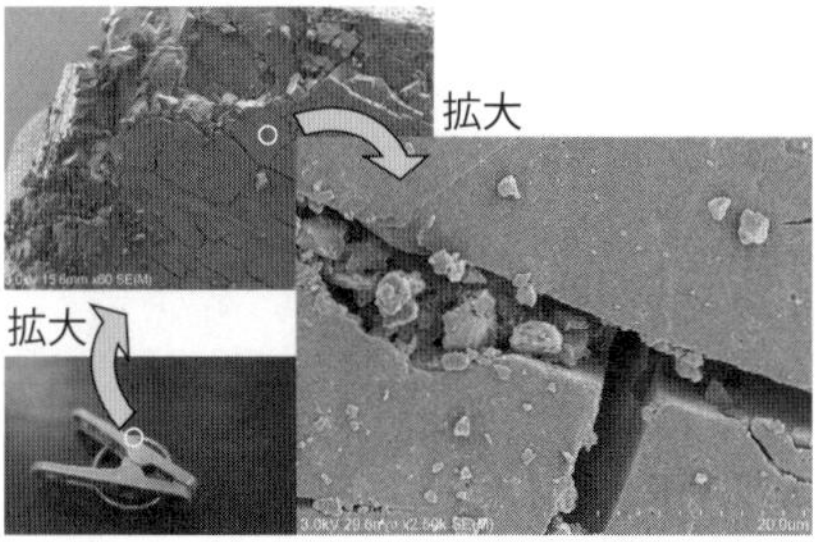

図１．劣化した洗濯バサミの電子顕微鏡観察像。一般的に使われている洗濯バサミ（左下）です。実際に屋外で使っていたもので、白い丸で囲った部分で割れて壊れてしまっています。白い丸の部分を電子顕微鏡で拡大して観察したところ（左上）、表面が細かく割れ、マイクロプラスチックが崩れ落ちて発生していることが観察できます。さらに白い丸の部分を拡大すると、１マイクロメートル以下の極微小なマイクロプラスチック粒子も多数観察されます（右下）。（口絵４参照）

　この問題をみんなで考えるきっかけになるように、私たちはアサリを題材とした手作り３Ｄ模型を使ったイベントを開催してきました。３Ｄ模型とは断面画像が描かれた複数枚の透明フィルムを一定の間隔をあけて組み上げることで立体構造を復元できる模型です（図２）。組み上げた模型は、錯視の効果により生物の形として直感的に認識できる点が特徴です。この模型は、複数のフィルムを軸一本だけで固定した構造をしており、パラパラと何度もめくって観察することができるので内部の連続的な構造を学ぶことができます。数枚だけを重ねて観察すれば、内部の立体構

COLUMN ①

造を詳しく理解できる側面もあります。また、特定の断面を詳しく観察することもできます。模型作りを体験していただいた皆様からは、普段意識することのない海洋生物の内部構造が立体的に再構築されていく様子に新鮮な感動を覚えることができると好評をいただいています。

　この模型を使えばアサリの体の構造を立体的に把握できるようになります。詳しく観察することにより、「あし」や「えら」、「外とう膜」といった器官に加えて、「食道」や「胃」、「腸」といった消化器官の位置を理解することができます。これら消化器官は赤く着色して表現しています。アサリは、小さなマイクロプラスチックであれば餌と一緒に食べてしまうことが分かっています。私たちは、実際に蛍光標識したマイクロプラスチックビーズをアサリに給餌し、それがアサリの消化器官内に存在することを確認しています。模型の赤い部分を見ることにより、餌と一緒に食べたマイクロプラスチックの体内での移動の様子を容易にイメージできます。さらに、私たちは、実際の研究活動で観察された結果を基にマイクロプラスチックのアサリ体内での分布を描画した大型の3D模型も製作しており、これらを使ったセミナーを通じて、アサリがエサを食べるメカニズムや、そこにマイクロプラスチックが含まれる事実、マイクロプラスチックが海洋生態系に与える影響などを学び考えてもらう活動を行っています。これまで東京大学柏キャンパス一般公開を中心に数多くのイベントで活用されており、多くの参加者に楽しんでいただいています。

　プラスチックは軽く耐久性があり、しかも安価で加工性もよいなど、私たちの生活にとって非常に便利なものです。プラスチックを完全に使わない生活は難しく、積極的にリサイクルを進めるなど、プラスチックと共に生きていく方法を考えることが必要になります。海洋に流出したプラスチックごみはアサリだけでなくさまざまな海洋生物が食べてしまうことが分かってきています。さまざまなイベントを通じて、最新の研究データを使って皆さんと一緒にプラスチックごみ問題を考える機会を持てることを楽しみにしています。

図 2. アサリの 3D 模型。市販のアサリ（左上）を元に X 線 microCT 法で得られた断層データと、市販のアサリから再現した殻表面の色彩を加えることで、外観も非常に高い再現性を持たせました（左下）。内部構造はマイクロプラスチックの通り道である消化器官を疑似的に赤く着色させています（右）。

貝類の多様性と進化にせまる

#02

東京大学大学院理学系研究科　地球惑星科学専攻
遠藤一佳
取材・構成 工樂真澄

■日本の海にはたくさんの種類の生き物がすんでいる

世界の海は一つにつながっていますが、海の中の様子は世界中どこも同じというわけではありません。海底の地形や潮の流れなどたくさんの条件が重なって、場所ごとにさまざまな特徴があります。その特徴をよく表すのが「海洋生物」です。魚類をはじめサメの仲間や哺乳類、サンゴや藻類、植物など、海には多くの生き物がいて、どこにどんな種類の生き物がすんでいるかを知ることは、海を深く理解することにつながります。

日本の周りの海は海洋生物の種類が豊富なことで知られています。世界地図をマス目に切って、それぞれのマスの中に「何種類の生き物がいるか」を示した図があります（図2・1）。マグロやサンマ、サバやアジといった魚類に含まれる種類の数を色で表しています。左端にあるスケールに従って、濃色になるほど生き物の種類が多いことを示しています。日本の周りは特に濃くなっていることが分かるでしょう。日本を含む太平洋の西側の海には、魚類だけでなく貝類や甲殻類などでも、他の海よりずっと多くの種類の生き物がいるのです。

では、どうして日本近海では生き物の種類が豊富なのでしょうか？　日本の周りの海には南からは暖流、北からは寒流が流れ込み、これらがぶつかり混ざり合うことで複雑な環

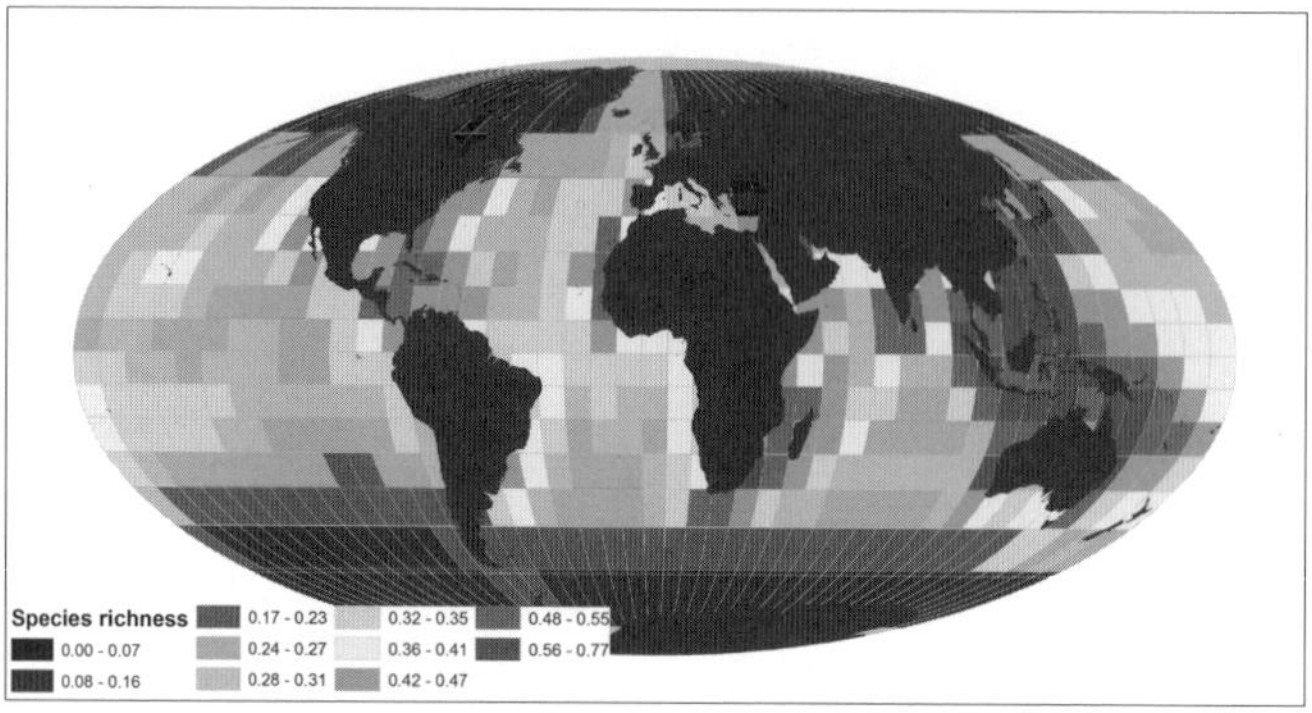

図 2.1　世界の海にすむ生物種の多様性分布（口絵 5 参照）
（出典：Tittensor et al.(2010), UNEP-WCMC　https://data.unep-wcmc.org/datasets/17）

境がつくられます。このような場所は世界でも珍しく、さらに「弧状列島（太平洋側に弓形になっている列島）」という独特な地形も重なって、狭い範囲にいろいろな種類の生き物がすむ条件が整っているのです。

また、地球の歴史も深く関係しています。世界の大陸が現在のようになるまでには、長い年月がかかっています。今の大西洋にあたる海が現れたのは今から9千万年前の「白亜紀」と考えられています。これに対して、太平洋の元となる「パンサラッサ海」はペルム紀にはすでに存在していました。そのため歴史の長い太平洋のほうが、より多くの生き物が現れるチャンスに恵まれていたのでしょう。最初の「生命」は海で現れたと考えられています。

■苦労も多いけれど収穫も多いサンプリング

生物の進化を知るためには、対象となる生物を「採集（サンプリング）」することから始まります。対象とするのは「底生生物」という海の底にすんでいる生き物です。採集は、各地にある臨海実験所から船に乗って、深さ約100メートル、陸から2キロメートルぐらいの範囲で行います。「ド

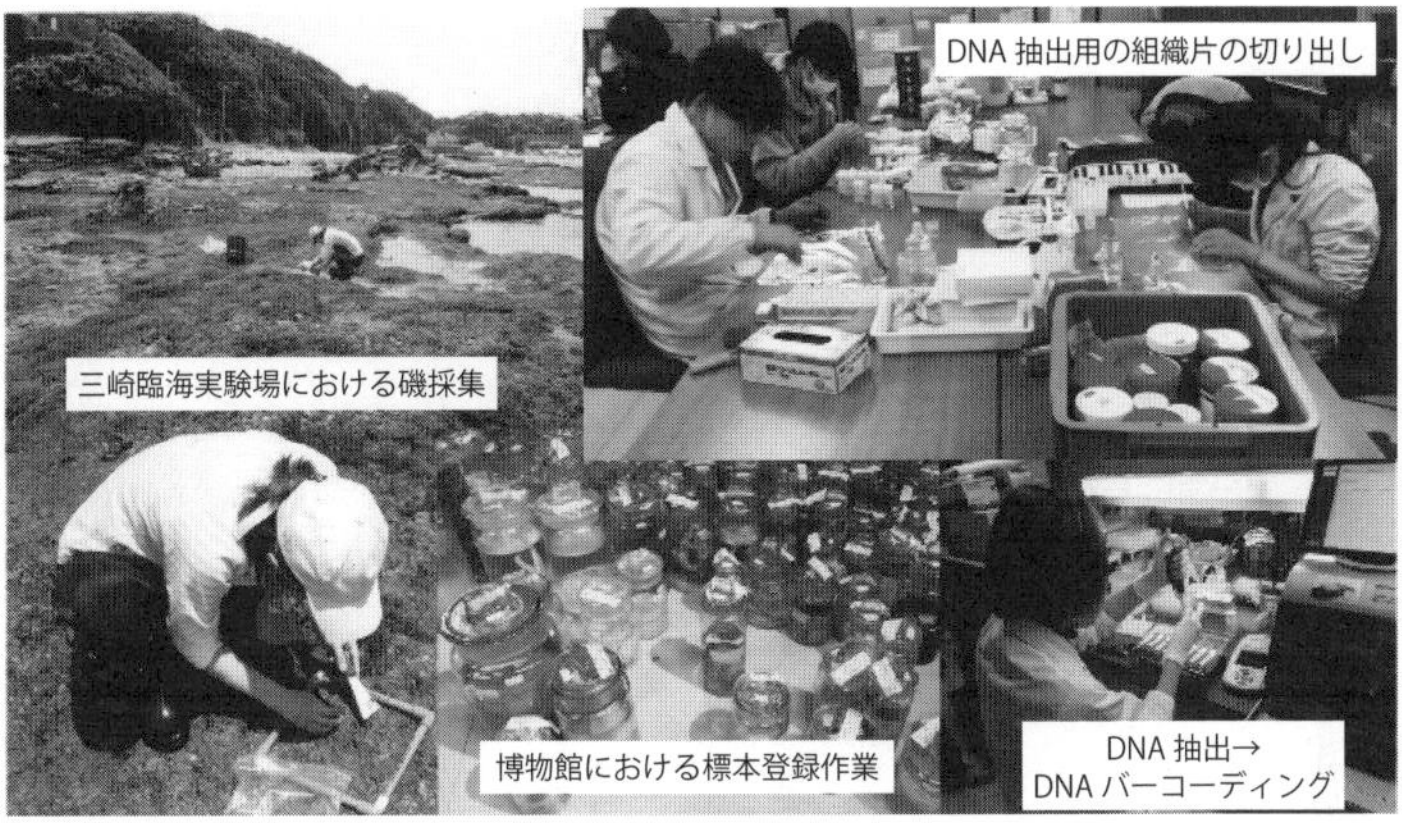

図 2.2　採集、分類作業の様子

レッジ」という幅50センチほどの鉄製の道具を海に沈め、海底をひっかくのです。「ＲＯＶ（Remotely operated vehicle）」という水中で動く遠隔操作ロボットは、採集地点の海底の様子を観察したり、目的とする生き物をピンポイントで採集したりすることができます。

　サンプリングで得た生き物は船の上で泥を取り除き、おおまかに分別します。分別したサンプルは、さらに詳細に観察して種の分類を行います。

■巻貝が巻く方向はどうやって決まるのか？

　海水浴に行ったときなどに、貝殻を見つけたことがあるかと思いますが、その貝殻は平べったい形でしたか？　それともぐるぐると渦を巻いていたでしょうか？　一口に貝殻といっても形や色、大きさもさまざまです。

　例外もありますが、一般的に貝殻が渦のように巻いているものを「巻貝」と呼んでいます。不思議なことに、巻貝の90パーセント以上が右巻きです。左巻きの貝はとても珍しいのです。

　右巻きの貝は、てっぺんから見たときに渦が時計回りになっています。

それでは貝が巻く方向はどのように決まるのでしょうか？　エサが原因でしょうか？　それともすんでいる環境でしょうか？　今では「遺伝」によって決まると考えられています。

たくさんの研究が行われた結果、貝殻の巻く方向を決める遺伝子が明らかになっています。ただし、決め手となる遺伝子が分かっただけでは貝殻が巻く仕組みや、どのように貝が進化してきたのかは分かりません。

■ハエの遺伝子を貝で調べるってどういうこと⁉

遺伝子にはそれぞれ名前が付けられていて、まずは「*decapentaplegic*（デカペンタプレジック）」を調べてみます。少し長いので「ｄｐｐ」と略しています。

ｄｐｐは最初「ショウジョウバエ」という小さなハエで見つかりました。ハエでは、この遺伝子が異常を起こすと正常な成虫になることができません。その後の研究から、ｄｐｐはハエが幼虫から成長するときに、羽の形成に重要な遺伝子であることが分かりました。「ハエは昆虫なのに、どうして昆虫の遺伝子を貝で調べるのだろう？」と疑問に思う人もいるかもしれませんね。これが遺伝子研究の面白いところです。ｄｐｐに似た遺伝子はハエだけでなく、ヒトを含む他の多くの生物種が持っています。この遺伝子だけでなく、多くの遺伝子が広い範囲の生物種で共通しています。例えば、ヒトと大腸菌が共通して持っている遺伝子もたくさんあります。全ての生物種で同じ働きをする遺伝子もありますが、

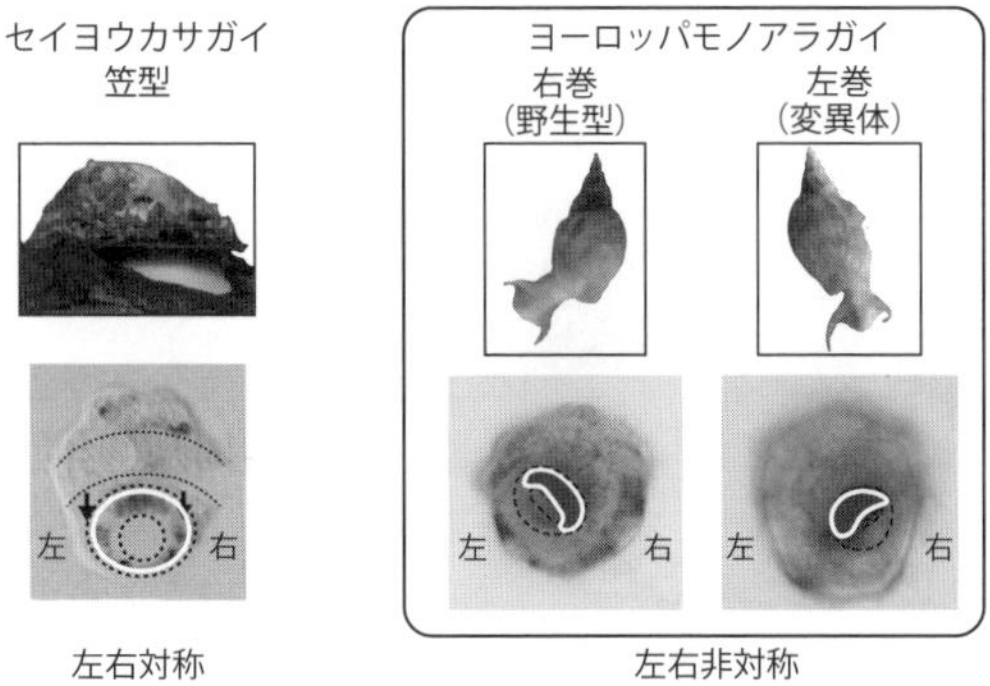

図 2.3　dpp は幼生期の貝殻線で働いている

全く異なる働きをしている遺伝子もあります。

体内では遺伝子が直接働くのではなく、その遺伝子の情報に基づいてつくられた「タンパク質」が働きます。

淡水にすむ巻貝の一種である「モノアラガイ」という貝で、ｄｐｐがどのような働きをしているのかを調べてみましょう。モノアラガイは、自然にはほとんどいない「左巻き」の貝が実験室で育てられていて、貝の巻き方を研究するには好都合なのです。

貝は卵から生まれ「幼生期」という時期を過ごした後、大人の貝になります。幼生期は成長した貝の形とは全く違うので、見分けるのが難しいかもしれません。でも、この時期の貝にはまだ硬い殻がないので実験がしやすいのです。幼生期の「どこで」ｄｐｐが働いているかを調べることにします。

「分子生物学」という分野で使われる手法で、調べたいタンパク質が働いていると考えられる部分だけに色が付くようにしています。図２・３の右側の枠がモノアラガイでの結果です。左は「セイヨウカサガイ」という貝で同じ実験を行った結果です。セイヨウカサガイは巻貝の仲間です

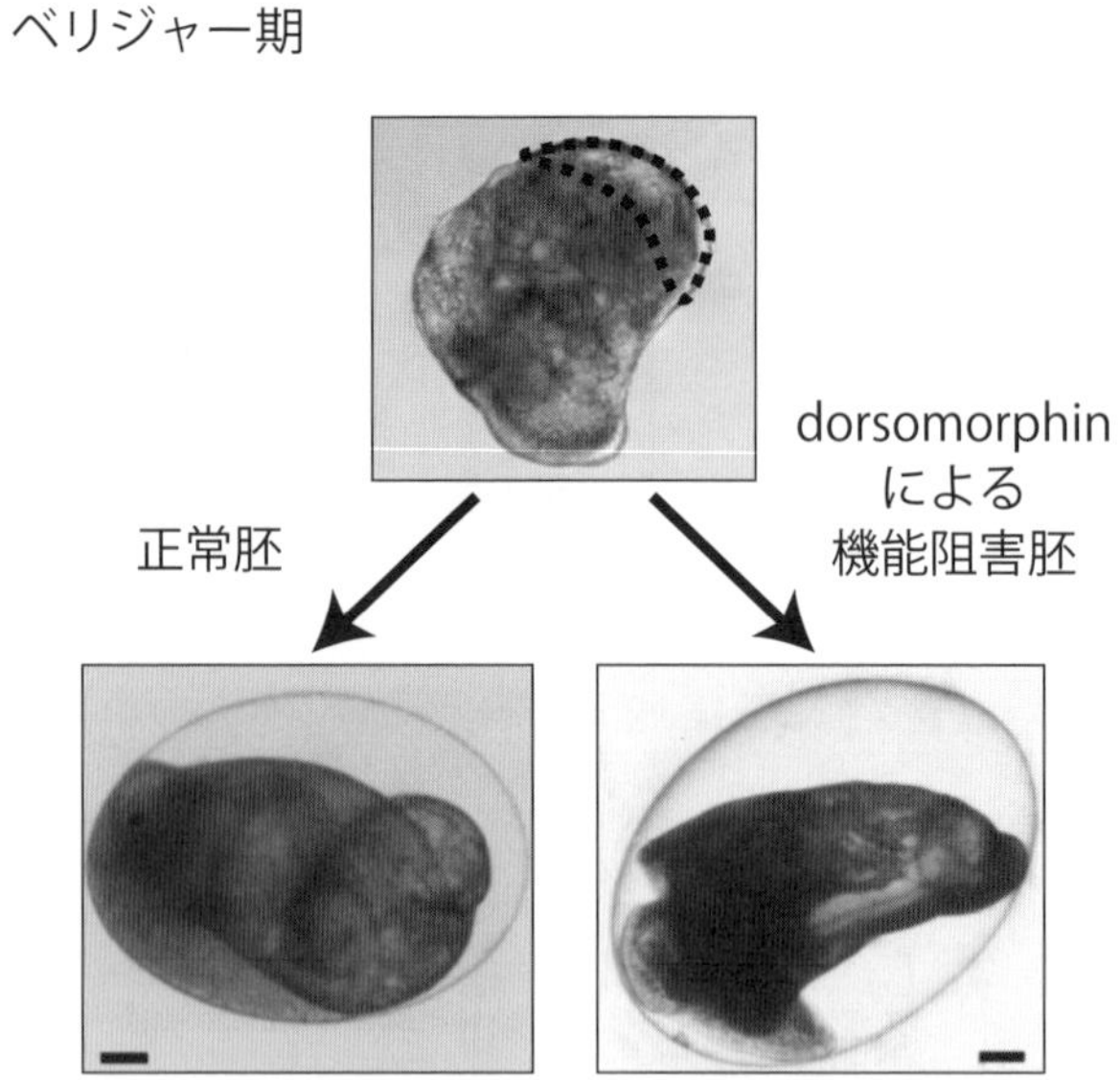

図 2.4　dpp が働かないと貝殻が巻かなくなる

が、貝殻は「笠型」といって雨傘を上から見たような形をしています。渦を巻いていないため右と左の区別がありません。「左右非対称」なモノアラガイと「左右対称」なセイヨウカサガイを比較して、どんな違いがあるのかを比べようというわけです。

黒い点線で示された丸は「貝殻線」といって、貝殻はここから作られます。セイヨウカサガイでは貝殻線の内側に沿ってドーナツのように丸くなっています。これに対し、モノアラガイでは左巻きと右巻きの幼生では様子が違います。右巻きの貝の幼生では、貝殻線の右側が、左巻きの幼生では左側だけが濃くなっていることが分かります。この結果から、ｄｐｐは貝の巻く「方向」に関係しているのではないかと予想ができます。

そこで次に、もしdppが働かなければ貝の形はどうなるかを調べることにしました。「dorsomorphin」という薬剤を使うとdppの働きを抑えることができます(図2・4)。「ベリジャー期」というのは、貝殻が巻き始める頃の幼生期の一時期で、この薬剤を与えた貝では貝殻を巻くことができませんでした（図2・4右下)。このことからdppはモノアラガイの貝殻が巻くために欠かせない遺伝子であることが明らかになったのです。

■遺伝子の「働き方」が変わると貝の形も変わる

この結果を基に考えた貝殻の「成長モデル」を作ってみました（図2・5)。左側がモノアラガイのような左右非対称な貝、右側がセイヨウカサガイのような左右対称な貝のモデルです。図2・5(A)は貝殻腺で働くdppの「濃度」を表しています。

モノアラガイとカサガイの貝殻の形の違いは、遺伝子の働く場所の違いによることが分かり、同じ遺伝子を持っていても、働く場所や使い方が違えば、異なる形の貝殻ができることが明らかになりました。

■「渦を巻く貝」と「笠型の貝」、最初に生まれたのはどっち?

では、モノアラガイのような「左右非対称な貝」とセイヨウカサガイのような「左右対称な貝」は、どちらが先にできたのでしょうか?

この問いに答えるには「系統樹」が役立ちます（図2・6(a))。貝の形や特徴を元にして、いろいろな巻貝を「似ている」ものから順につないで作ったものです。ちょっと「家系図」

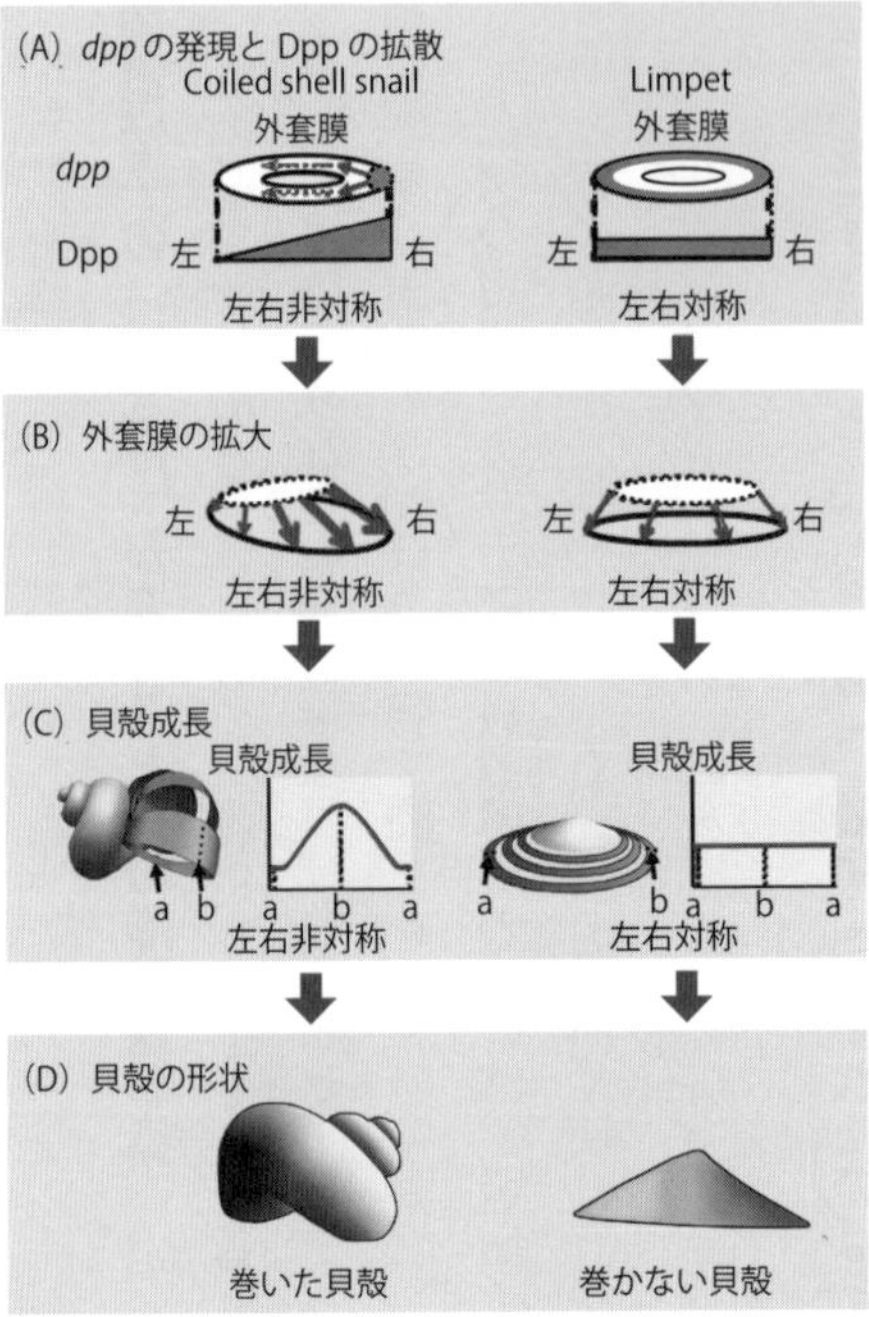

図 2.5　dpp の分布によって貝の形に差ができることを示すモデル

に似ているでしょう。家系図は祖先や子孫、親戚関係を表すものですが、系統樹の目的は少し違います。系統樹はいろいろな生き物が「共通の祖先」から生まれたという前提で作られていて、それぞれの生き物がどの生き物から進化したのかを推測したものです。

黒枠の写真は「左右非対称な貝」、白枠は「左右対称な貝」です。図2・6の最も上にある「Bivalvia」は、アサリやシジミのように二枚の貝殻からなる種

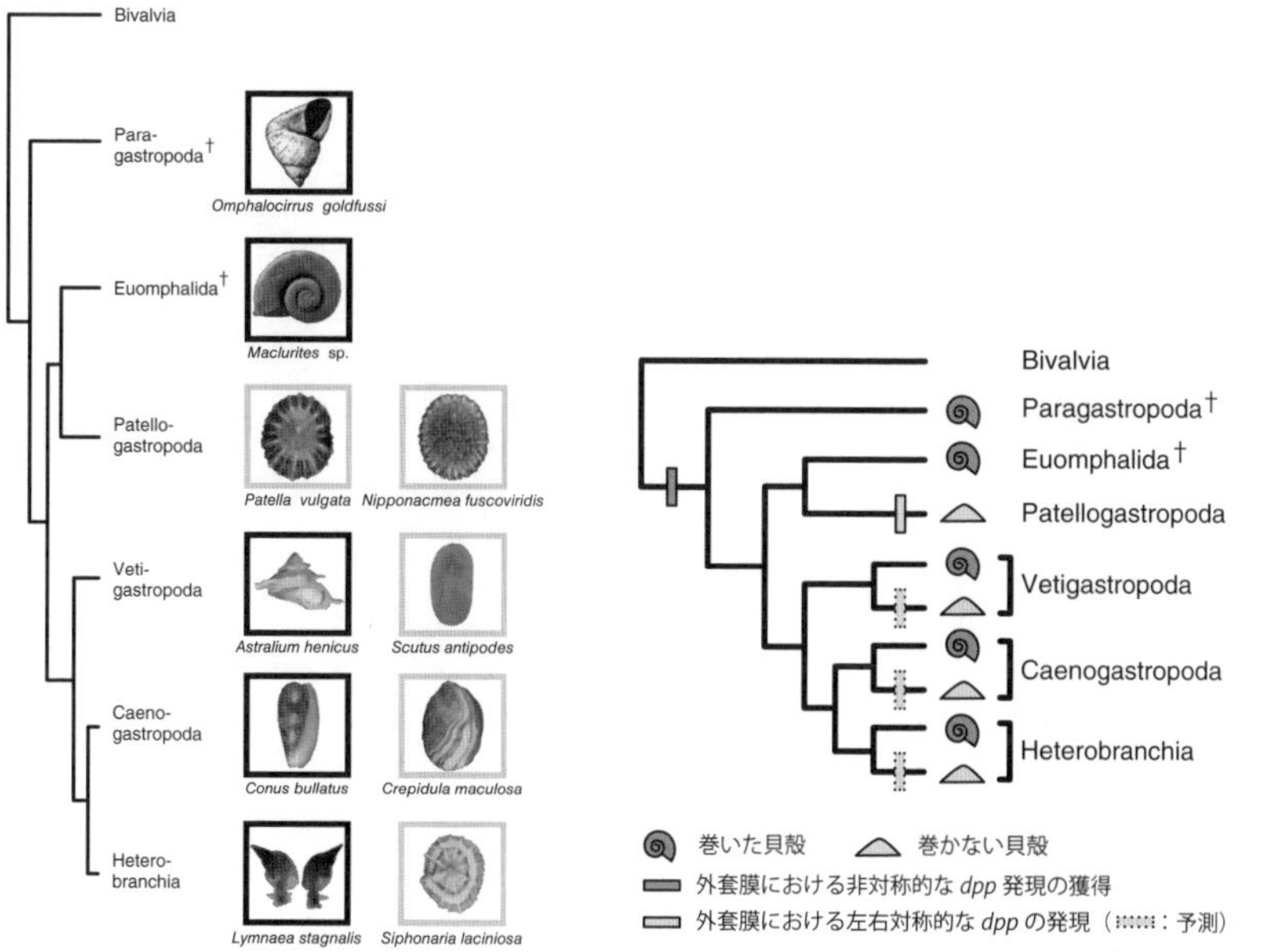

(a) 絶滅種を含む巻貝の系統関係

(b) 巻貝の進化の過程で *dpp* 遺伝子の働き方は変化した？

図 2.6　巻貝の系統関係と *dpp* の働き方の変化

類の貝のグループで、巻貝と共通な祖先から生まれたと考えられています。

　貝の進化を知る強力な手掛かりとなるのが「化石」です。化石があるとすでに絶滅した生き物について知ることができます。図2・6で十字のマークがついているものは絶滅種です。共通の祖先から最初のほうに枝分かれした「Paragastropoda」と「Euomphalida」は渦を巻いています。このことから、「左右非対称な貝」のほうが、先にこの世に現れたのだと考えられます。

　また「左右対称な貝」と「左右非対称な貝」がそれぞれ別のグループを作っているわけではないことが分かります。このことから、

図 2.7　バイオミネラリゼーション（口絵６参照）

左右非対称な貝が先に生まれた後、左右対称な貝は何度か別々に現れたことが推測できます。

図２・６(b)は、系統樹を元に私たちが考えた巻貝の遺伝子進化の道筋です。まず、系統樹の根元に近いところでｄｐｐは「左右非対称に」働きはじめ、渦を巻く貝が最初に現れたのでしょう。その後、いくつか新しい特徴を持つ貝が生まれて新しいグループができましたが、それぞれのグループでｄｐｐが貝殻線にそって「ドーナツ状」に働くように変化したことで、左右対称な貝が別々に現れたと考えています。

このように巻貝の進化では、遺伝子の働き方や働く場所が変わることで、さまざまな形や特徴を持つ貝殻を作る貝が現れたと推察できます。

■貝殻を作るために最も重要なタンパク質を探し出す

巻貝の殻を作るために欠かせない遺伝子は、ｄｐｐ以外にも少しずつ明らかになってきています。貝殻の主成分は「炭酸カルシウム」です。黒板のチョークと似た素材だといえば分かりやすいでしょう。貝殻だけでなく、サンゴの骨格やエビ、カニなどの殻にも含まれます。こういった固い「鉱物」を生物がつくることを「バイオミネラリゼーション」といいます。バイオミネラリゼーションによって生物が作る鉱物は、現在分かっているだけでも60種以上あります。ヒトでは、歯や骨がバイオミネラリゼーションの例です。

貝殻には炭酸カルシウム以外にも「基質タンパク質（shell matrix proteins：SMP」と呼ばれるタンパク質が含まれています。すでに何百種類ものタンパク質が貝殻から見つかっていますが、どのような働きをしているかについては、まだほとんど分かっていません。私たちはこの多くのタンパク質の中から、貝殻をつくるために最も重要な役割をしているものを見つけたいと考えています。

■生き物の多様性を理解することは海を守ることにつながる

巻貝ができる仕組みや進化、また貝殻を作っている物質について私たちが行っている研究をご紹介しました。渦を巻く貝でも笠型の貝でも使われる遺伝子は同じですが、働く場所が少し変わることで、異なる形ができることが分かったのではないでしょうか。

海の生き物を自ら集めてくるという研究スタイルは、私の日常を大きく変えました。インドア派だった中高生時代には、ウェットスーツを着てダイビングをする自分など想像さえできなかったものです。ただ、当時から今に至るまで、「知りたい」という欲求だけは変わることがありません。むしろ、新しいことが分かれば分かるほど新たな疑問が出てきて、もっと知りたいという気持ちが湧いてきます。進化研究の魅力に一度とりつかれたら、なかなかやめることは難しいと思います。

近年、海洋環境についての議論が活発になっていますが、私は海のことを研究して深く理解することこそが、海の環境を守ることにつながると考えています。海洋生物について、より多くの報告ができるよう、これからも研究に励むつもりです。

質問コーナー

・「海」に関心を持ったきっかけは何ですか？

研究で海にたまった化石を調べるようになったのがきっかけです。

・研究生活の中でのエピソードがあれば教えてください

今では船酔いにも慣れてきましたが、始めて乗った時には苦労しました。学生時代、台風で採集に出られないときに研究船でイカ釣りをしたのは楽しい思い出です。

・先生にとっての「海」とは？

研究の貴重な資料が山ほどある「宝箱」のような存在です。また、研究を通して、海の広さを再認識しました。国内外の海洋調査船に乗り込み、あちこちの海を巡る機会に恵まれましたが、特に外洋に出た時にはその大きさに圧倒されました。

・中学生・高校生に向けたメッセージをお願いします。

「知りたい」という気持ちを大切にしてほしいですね。生き物や化石が好きなら、さらに一歩進んで「なぜだろう」という疑問につなげてほしいです。疑問が出てくるようになれば、それがいろいろなアクションを起こす原動力になります。「分かった」気になるとそこで追い求めることをやめてしまうので、なるべく大きな謎について、「知りたい」という気持ちを大切にして貪欲に物事を追及してほしいと思います。

さらに詳しく知りたい方へ

●書名：**進化の運命―孤独な宇宙の必然としての生命**
著者：コンウェイ・モリス，S．（遠藤一佳 訳）
出版社：講談社
出版年：２０１０年

●書名：**貝類学**
著者：佐々木猛智
出版社：東京大学出版会
出版年：２０１０年

COLUMN ②

貝殻の骨組みをつくるタンパク質 Shell Matrix Protein を観察する

前 東京大学大学院教育学研究科附属海洋教育センター
進士淳平

貝殻はカルシウムでできているとよくいわれます。しかし、遠藤先生のお話にもあったように、実際には炭酸カルシウムの結晶とその間を満たすタンパク質からできています。貝類の場合、この役割をするタンパク質をShell Matrix Protein（SMP）と呼びます。細かいところは異なっていても、甲殻類の外骨格や私たち人間の骨も似た仕組みでできています。本稿では身近なもので貝殻などから炭酸カルシウムを抜いてこのタンパク質を実際にこの目で見る実験を紹介します。

原理

貝類の主成分の炭酸カルシウムは、酸性の溶媒によく溶けます。その原理は、酸とアルカリの中和反応です。詳細は高校の化学で勉強すると思うので説明を省きますが、今回はこれを利用して、貝殻の炭酸カルシウムを溶かして貝殻からカルシウムを抜きます。炭酸カルシウムを溶かすこと自体は酸であれば何でもできますが、できるだけ強い酸がよいです。では、そんな強い酸をどこから手に入れるのでしょうか？

家にあるものでやる

台所や風呂場など、身の回りにあるもので十分です。こういった実験に用いる薬品類は、不純物があっても目的の達成のために問題なければよいのです。人類最初の火薬といわれる黒色火薬は硝酸カリウムを必要としましたが、その硝酸カリウムの生産方法は、人間のウンコを発酵させることでした。ウンコで鉄砲が撃てるなら、身の回りのものでもどうにかなるはず。ということで着目したのが、トイレ用洗浄剤、サンポールです。

表のラベルに〝酸が効く〟と書いてあるので、酸性の何かであることは想像に難くありません。このサンポール、裏のラベルを見ると分かりますが、主成分が9・5パーセント塩酸なのです。この9・5パーセントという濃度は、毒劇物指定の研究用の濃塩酸が35～40パーセント程度の濃度であることを考慮すると、決して低い濃度ではありません。サンポールのpHは1といわれており、身近なもののなかではかなり強い酸となっています。卵の殻などを溶かす実験に使われる食用酢のpHが3前後であることを考えると、手頃なわりになかなか優秀です。ちなみに、トイレ用洗浄剤であればなんでも使えるわけではないので、買う前に成分表で主成分が酸であることを確認することが大切です（概ね記載順に含有量が多い）。

やり方

1．貝殻を歯ブラシやスポンジなどで洗います。この作業は、貝の表面にあるごみをとるために行いますが、それ以外にも、貝殻を覆う殻皮という組織を取り除くために行います。殻皮やごみがあると、カルシウムを抜いたときに残ったものがSMPか殻皮か区別がつきません。

2．サンプルをサンポールに入れて待ちます。振盪《しんとう》（ふるい動かすこと）できる機械があるならそれを使うと早いです。待つ期間は貝殻の大きさと温度によりますが、25℃でだいたい数時間くらいです。

実際にやってみた

今回は、スーパーで買ってきたアサリを使いました。中身があると、殻のSMPと中身の肉の区別がつかなくなるので、中身は取り除き、メラミンスポンジでよくこすり洗いをしました（図1上段）。アサリは殻皮が目立つほど発達していないので、こすってもあまり汚れが出ません。

ひととおり洗ったら、貝殻をプラコップに入れたサンポールに入れます。入れるとすぐに激しく気泡が発生します（図1中段）。この気泡は、理屈通りであれば二酸化炭素のはずです。貝殻の大きさや温度にもよりますが、だいたい数時間もすると気泡がでなくなります（図1下段）。そうなると、反応終了です。ちなみに、この反応を食用酢でやろうとすると数日かかります。

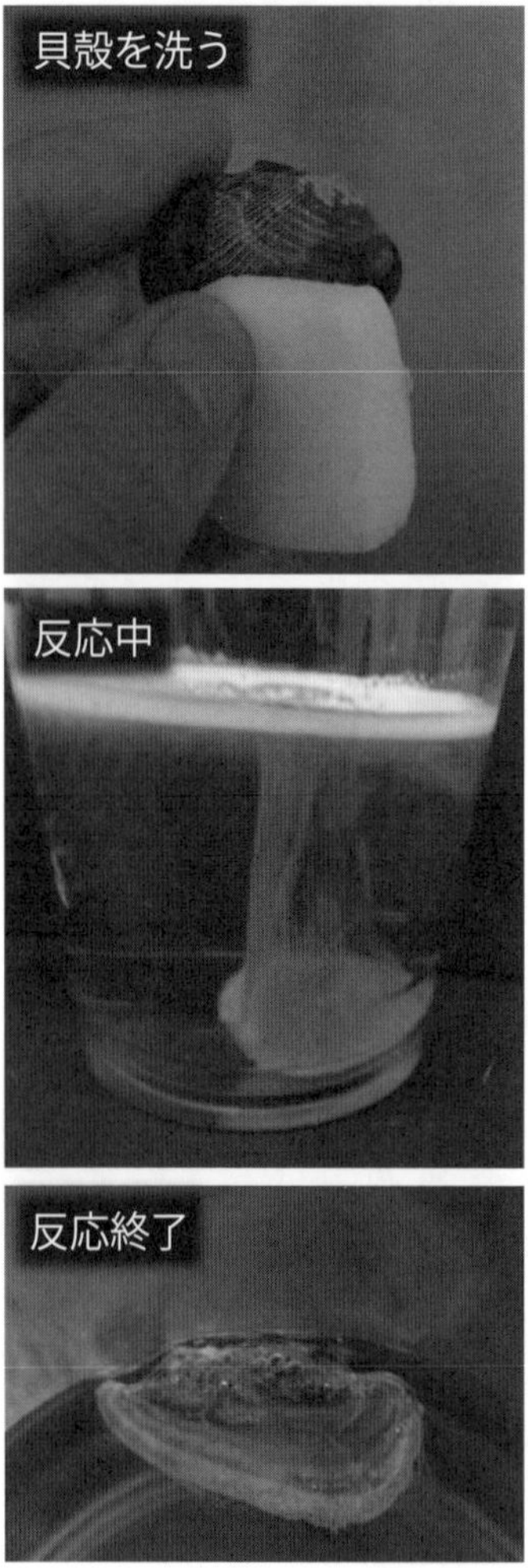

図1　実験の様子

そして図2が、貝殻から炭酸カルシウムを抜く処理の前後を比較したものです。殻の炭酸カルシウムを抜く前と比べ、ボロボロになってしまっていますが、ちゃんと殻の形をしていることが分かります。これがＳＭＰです。ＳＭＰは貝殻に求められる炭酸カルシウムの結晶構造を作るための核として働いているといわれています。言葉で説明されるだけでは分かりづらいですが、実際に見ると、それも実感をもって分かりやすいです。貝殻とは、ＳＭＰという貝殻の形をかたどったタンパク質の枠の間を炭酸カルシウムの結晶が満たすことででき上がっているのです。

図２　貝殻から炭酸カルシウムを抜く処理の前後の比較

#03 子孫を残す行動につながる神経メカニズムに挑む

東京大学名誉教授
東京大学大学院理学系研究科　附属臨海実験所
前所長
岡　良隆
取材・構成　工樂真澄

■季節によって気分や行動が変わるのはナゼ？

ぽかぽかと春の日差しが気持ちよい日は、昼間でも眠くなったりしませんか？　梅雨にはユウウツで外に出るのが面倒だという人でも、太陽が輝きだす夏になるとワクワクして遊びに行きたくなりますよね。このように四季がはっきりしている日本では、季節や天気で気分や行動が変わることを感じることが多いものです。気温や日照などの環境の変化によって、行動が起こる仕組みを明らかにする学問を「生体情報学」といいます。その中に「本能行動」という研究対象があります。

「本能行動」と聞くと、皆さんはどんなことを思い浮かべますか？　例えば、赤ちゃんは生まれてすぐにお母さんのおっぱいを吸うことができますよね。このように誰かに教わらなくてもできるのが本能行動です。「寝る」や「食べる」は代表的な例でしょう。「お腹が空いた」とか「疲れた」などがきっかけに起こり、それ以外にも、気温や日照などの「環境の変化」が本能行動を起こすきっかけになります。

よく知られている本能行動の一つに「性行動」があります。「ドワーフグーラミー」（図3・1-a）という、体長4センチメートルほどの淡水産の熱帯魚は、繁殖期になるとオ

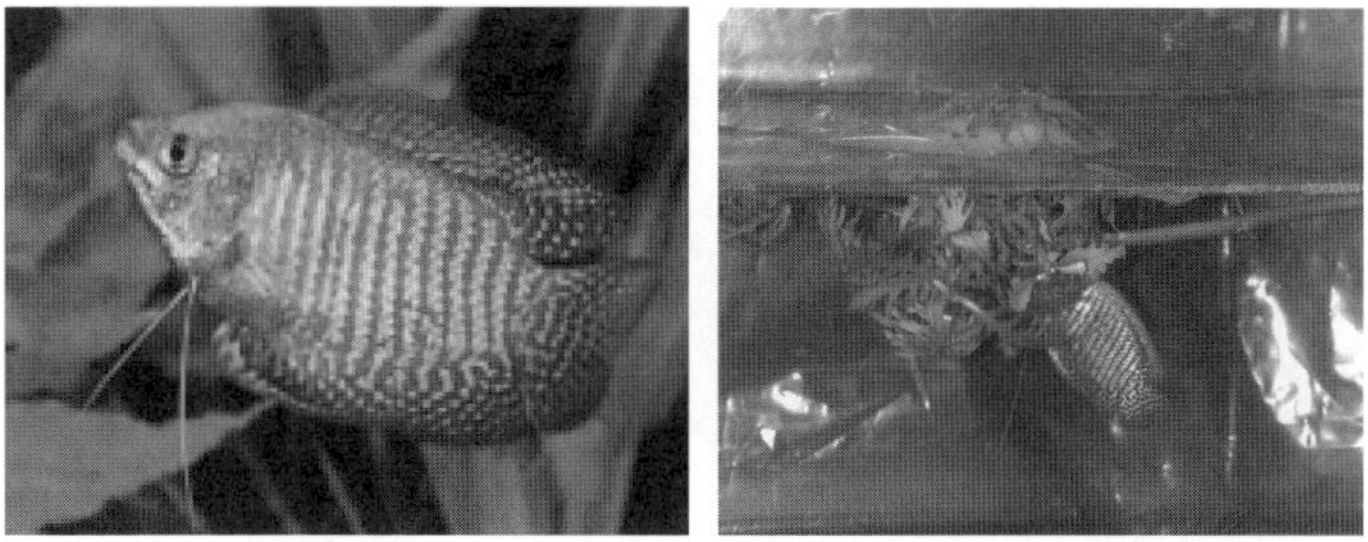

図 3.1 (a) ドワーフグーラミー (b) ドワーフグーラミーの産卵
(口絵 7 参照)

スが水面近くの水草にたくさんの泡を吐き出します。安全に卵を産んで育てるために「泡巣」という巣を作っているのです(図3・1-b)。準備が整うとオスは泡巣にメスを誘います。オスを受け入れたメスは、そのオスに近づいてお腹のあたりを盛んに押し、オスはメスのお腹を抱えるような様子を見せ、その後、メスが水中に卵を産むと、オスは精子を出して「受精」が起こります。新たな命の誕生です。産卵の様子はとても神秘的なので、インターネットなどで動画を探してみてください。このように受精前の「求愛行動」や「巣作り」など、受精が起こるまでの行動を「性行動」といいます。

ドワーフグーラミーを使って「本能行動」を調べるには、いくつかの理由があります。まず、一年中いつでも大人のオスとメスを手に入れることができ、条件を整えればいつでも性行動を観察することができます。また、性行動のパターンが決まっていて分かりやすいのも理由の一つです。

その中でも最大の理由は「GnRH ニューロン」という細胞が特に観察しやすいからです。「GnRH ニューロン」は、体の中や外からの情報を性行動に結び付ける重要な鍵を握ると考えられています。

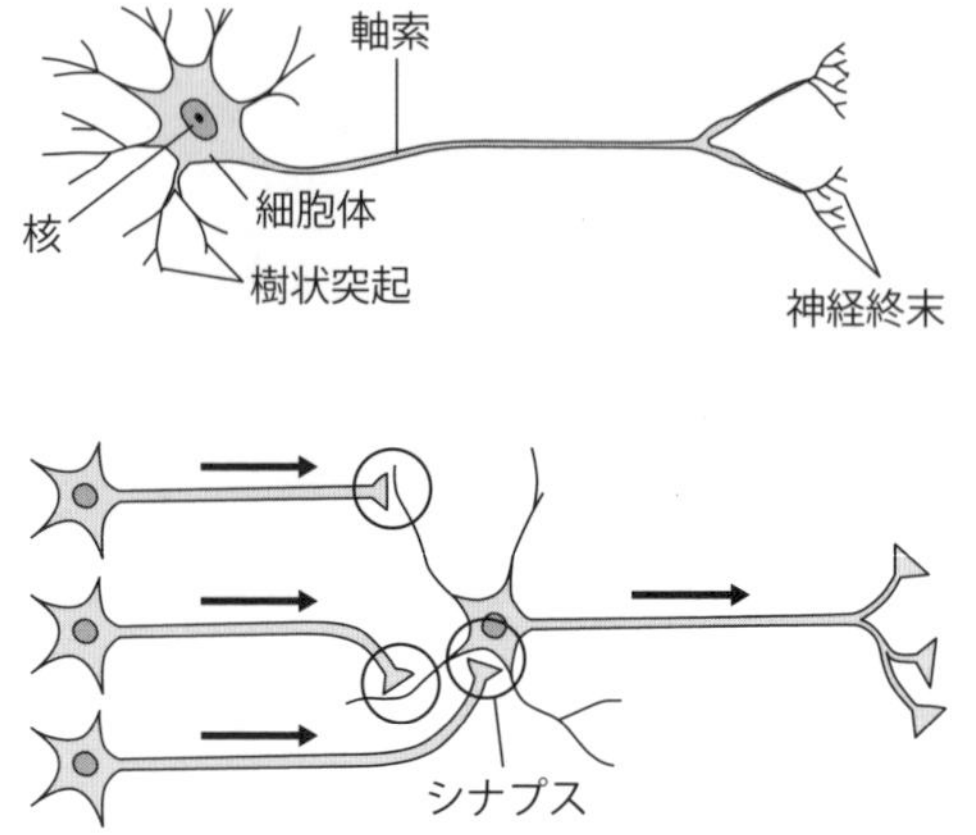

図 3.2　神経系は神経細胞が作るネットワーク
(a) 神経細胞からはたくさんの樹状突起と１本の軸索が出ている
(b) 情報の受け渡しは「シナプス」を介して行われる

■コンピューターより高性能!?「神経系」は体の中の情報システム

動物の脳はコンピューターよりもずっと複雑で高機能ですが、その基本的な働きは似ています。眼や皮膚、耳などから入力された情報は、脳という中央演算装置で処理された後、行動や体の反応などさまざまな形で出力されます。コンピューターでの情報は電子回路によって運ばれますが、生き物では主に「神経系」がその役割をしています。

身近な例えでいうと、足の小指をタンスの角にぶつけたとき、目から火花が散るような痛みが走りませんか？　神経系はそれだけ速いスピードで情報を伝えることのできる、優れた情報システムだということです。

私たちの体は膨大な数の細胞からできていますが、細胞にはいろいろな種類があります。その中でも、神経系を作っているのは「神経細胞」です。神経細胞のことを「ニューロン」と呼ぶこともあります。神経細胞の中心となるのは「細胞体」で、ここから枝のような「神経突起」がいくつも出ています。ひときわ長く伸びた枝を「軸索（じくさく）」といい、軸索以外の枝をまとめて「樹状突起（じゅじょうとっき）」といいます。（図３・２-a）

神経細胞が他の神経細胞と交わる部分を「シナプス」といい、ここで情報の受け渡しが行われます（図3・2-b）。神経系はたくさんの神経細胞からできた複雑なネットワークなのです。

コンピューターと同じように、神経系でも情報のやりとりには電気が関わっています。もともと神経細胞の中と外には電気的な差があります。神経細胞が情報を受け取るとそれが刺激となり、細胞の中と外の電気的な関係が逆転します。これを「活動電位」といいます。イオンチャンネルと呼ばれる穴を通ってイオンが流れることで電流が流れます。その電流がまた刺激となって、さらに隣の部分に活動電位が生まれます。これを繰り返すことで軸索の端まで活動電位が伝わることを「伝導」といいます。複雑な話のようですが、これは皆さんの体の中で今この瞬間にも起こっていることです。

生き物がコンピューターと大きく違うところは、情報伝達に電気だけでなく化学物質を使うということです。伝導によって軸索の端まで活動電位が届くと、シナプスから化学物質が細胞の外に出され、隣にいる神経細胞がこれを受け取ります。これを「神経伝達」といいます。神経ネットワークでは、「伝導」と「伝達」が繰り返されることで体の遠いところまで情報が届きます。

数多くの化学物質が神経細胞同士の情報伝達に使われていて、その種類や濃度、また受け取る方法を変えることで、コンピューターよりもずっと複雑な情報のやり取りができます。

■神経系と協力して働く「内分泌（ないぶんぴ）系」

生き物が持つ情報システムは神経系だけではありません。「内分泌系（ないぶんぴけい）」もその一つです。神経系では隣にいる細胞だけに伝達物質が受け渡されますが、内分泌系では信号物質が血管を通って遠くの細胞や臓器にまで届きます。

内分泌系で使われる信号物質をまとめて「ホルモン」と呼びます。体中のさまざまなところで、いろいろなホルモンが作られます。それぞれのホルモンは標的となる場所まで血液によって運ばれ、そこで信号物質として働き、体を正常に保つためのさまざまな調節を行っています（図3・3）。

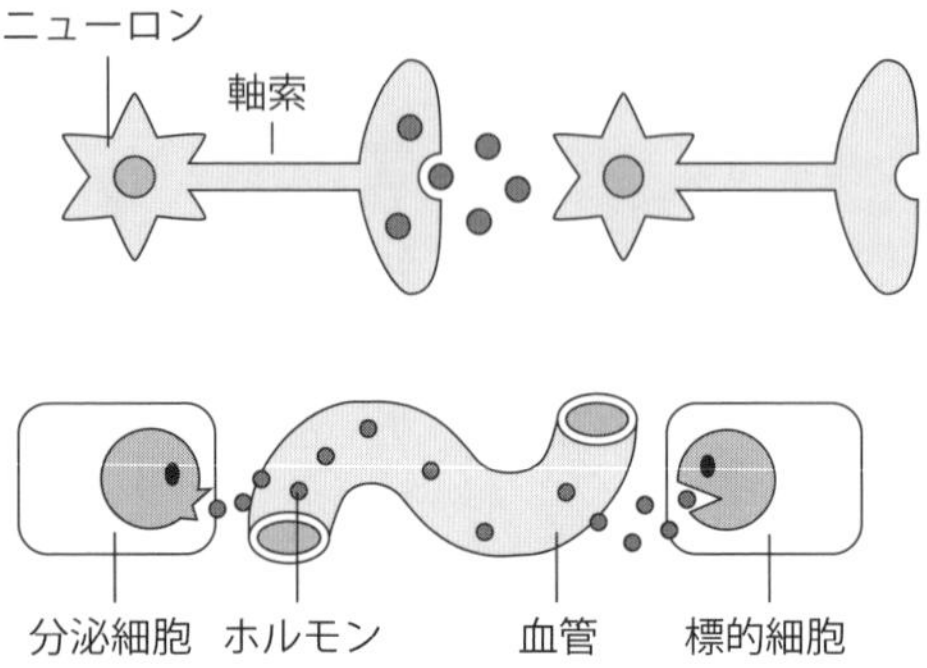

図 3.3　神経系と内分泌系
(a) 神経系では隣の細胞に物質が届けられる
(b) 内分泌系では遠くの細胞にも物質が届けられる

「神経系」と「内分泌系」はそれぞれが完全に独立して働いているわけではありません。情報を伝える方法は違いますが、互いが協力して働いています。「生体情報学」は、体の中や外からの情報を「神経系と内分泌系が協力して伝える仕組み」を明らかにすることを目的としています。

■「GnRH ニューロン」は GnRH を作って出す「神経細胞」

「GnRH ニューロン」とは、「GnRH（ジーエヌアールエイチ）」というホルモンを作る神

(p) Glu	His	Trp	Ser	Tyr	Gly	Leu	Arg	Pro	Gly ($-NH_2$)
グルタミン酸	ヒスチジン	トリプトファン	セリン	チロシン	グリシン	ロイシン	アルギニン	プロリン	グリシン

図 3.4　哺乳類の GnRH のアミノ酸配列

経細胞です。正式には「生殖腺刺激ホルモン放出ホルモン」といいます。名前は長いのですが、たった10個のアミノ酸が連なってできている小さなホルモンです。アミノ酸というのは、例えばタンパク質の元にもなっている物質です。哺乳類のGnRHをアミノ酸の連なり方の順番から配列として表すと図3・4のようになります。

GnRHはもともと哺乳類の「生殖」に関わるホルモンとして見つかりました。生き物が子孫を残すことを「生殖」といい、魚でもヒトでもオスの「精子」とメスの「卵子」が受精して次の世代が作られます。精子や卵子は「生殖腺刺激ホルモン」というホルモンが刺激になって作られます。GnRHは「生殖腺刺激ホルモン」が出るように働きかけるホルモンです。「GnRHニューロン」は神経細胞でありながらホルモンを作るという、まさに神経系と内分泌系をつなぐ役割をしており、神経分泌細胞と呼ばれます。

■「終神経GnRHニューロン」は脳内に広く神経突起を伸ばしている

GnRHは大きく3種類に分けることができます。最初に見つかったものを「GnRH1」として、その他を「GnRH2」「GnRH3」と表します。3種類のGnRHはよく似ていることから元は一つであったと考えられています。そのため、全てのGnRHが精子や卵子を作ることに関わっているのではないかと思われていましたが、話はそう簡単ではありません。

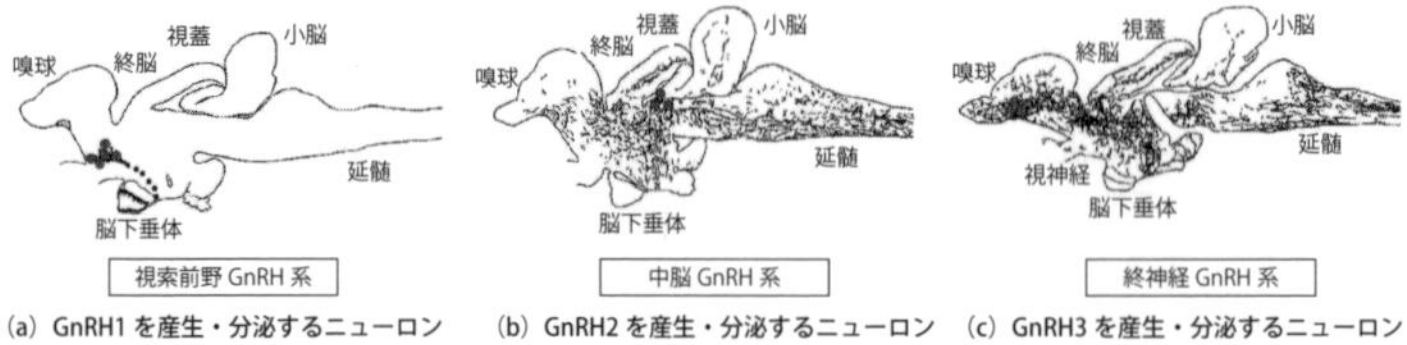

(a) GnRH1 を産生・分泌するニューロン

(b) GnRH2 を産生・分泌するニューロン

(c) GnRH3 を産生・分泌するニューロン

図 3.5　ドワーフグーラミーの脳における GnRH ニューロンの分布
(著者提供)

図3・5は、3種類の GnRH ニューロンがドワーフグーラミーの脳の中でどのように分布しているかを表したものです。頭と尾を結ぶ線でタテに割った断面図に、(a)、(b)、(c)それぞれ GnRH1、GnRH2、GnRH3 を作るニューロンを描きこんであります。黒丸は細胞体のあるところで、黒線は神経突起です。

魚の脳はヒトとは見た目が異なりますが、基本的な作りは同じです。「終脳」はヒトの「大脳」にあたる部分です。ヒトでは大脳が脳の大半を占めますが、魚ではその割合は大きくありません。代わりに「視蓋(しがい)」が大きな割合を占めています。これは魚の視覚の中心になるところで、ヒトでは中脳の一部になっています。

GnRH1、GnRH2、GnRH3 を作るニューロンの細胞体のある場所から名前をとって、それぞれを「視索前野(しさくぜんや) GnRH 系」「中脳 GnRH 系」「終神経 GnRH 系」とも呼びます。「終神経 GnRH 系」については後で詳しく説明しますから、名前を覚えておいてください。

哺乳類と同じようにドワーフグーラミーでも、GnRH1 は精子や卵子を作ることに関わる働きをしています。図のように、GnRH1 ニューロンがあるところは限られていて、軸索は「脳下垂体」というところに伸びているだけです。これに対して、GnRH2 と GnRH3 のニューロンの軸索は脳下垂体へは伸びていません。その代わりに脳全体に広

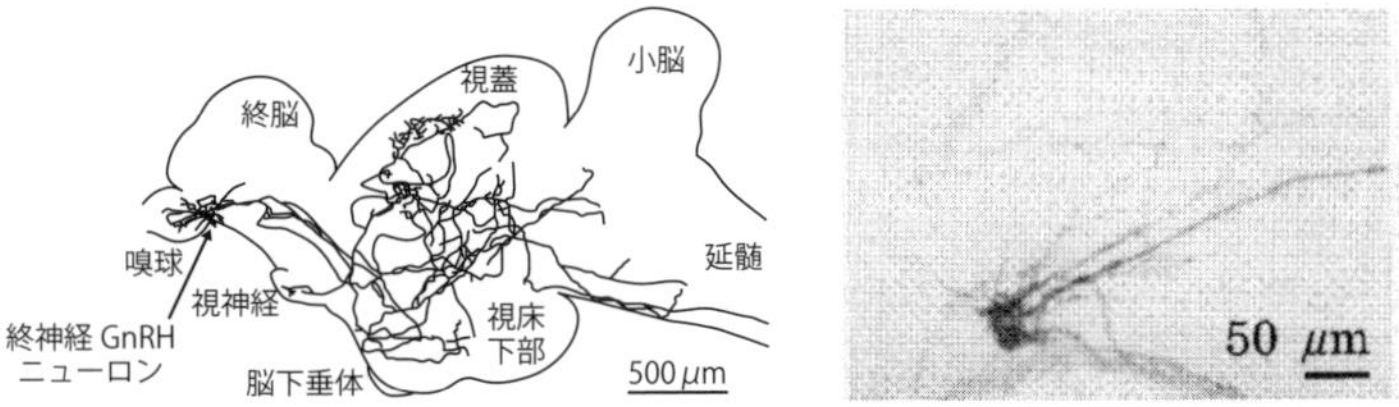

図 3.6　1 個の終神経 GnRH ニューロンから出ている突起の分布の様子
(a) 連続切片のスケッチによるもの
(b) 染色標本写真（細胞体の近く）
（著者提供）

がっていることが分かるでしょう。これはドワーフグーラミーを使った私たちの研究によって、世界でも初めて明らかになったことです。どうやら3種類のGnRHは全て同じ役割をしているわけではないようです。

さらに詳しく調べるために、「終神経GnRH系」、すなわちGnRH3を作るニューロンを「一つ」だけ観察したのが図3・6です。細胞体のある場所を矢印で示しています。たった1個の細胞体から脳の広い範囲に突起が伸びていることが分かるでしょう。

たいていの脊椎動物では、GnRHニューロンの細胞体は直径が10マイクロメートルほどの大きさしかなく、脳のあちこちに散らばっているため簡単には見分けられません。ところが、ドワーフグーラミーの終神経GnRHニューロンは細胞体の直径が約30マイクロメートルと大型で、しかも10個ほどの細胞が集まってひとつの塊（かたまり）を作っています。脳を丸ごと取り出して適切に保てば、生きた細胞で実験することもできるのです。GnRHニューロンの研究にとって、ドワーフグーラミーはこれ以上ないほど実験に最適な生物だといえるでしょう。

ドワーフグーラミーの脳全体を取り出して周りを取り除くと、

終神経 GnRH ニューロンが集まった細胞の塊が見えるようになります。神経細胞の枝はとても細いので、ふつうの状態では区別することはできません。ここでは、細胞に特別な「色素」を入れて観察しています。

顕微鏡で見ながら細胞体の一つに電極を刺して色素を入れると、突起の端まで色素が届きます。脳を薬品で固定した後で凍らせて、60マイクロメートルほどの薄さの「切片（せっぺん）」にします。染色された部分を切片1枚につき1枚のトレーシングペーパーに手作業で描き取り、最後に全体を重ね合わせて3次元にしたのが図3・6（a）です。全ての作業を終えるまでに1週間ほどかかるアナログな方法ですが、高品質のデジタルカメラでも得られないような多くの情報を得ることができます。標本写真・図3・6（b）と比べても、手作業でスケッチしたもののほうが突起の広がりが詳しいことが分かるでしょう。

このように、一つの神経細胞が突起を脳の全体に広く分布させている例は、他の脊椎動物でもいまだかつて報告されたことがありません。ドワーフグーラミーの脳を丸ごと使うことで、一つの終神経 GnRH ニューロンが脳の広い範囲に突起を伸ばしていることが明らかになったのです。

■ヒトの脳の「GnRH ニューロン」はどうなっているのか？

それでは、ヒトの GnRH ニューロンはどうなっているのでしょうか？　実はヒトでは GnRH は2種類しか見つかっていません。

3種類とも持っているのは一部の魚類だけです。多くの動物では2種類で、その組み合わせも生き物ごとに違います。ヒトではGnRH1以外にもGnRH2が見つかっていますが、ヒトのGnRH2が体の中で働いているかどうかは明らかになっていません。実験動物としてよく用いられるマウスも含めて、多くの哺乳類はGnRH1だけしか持たないため、いろいろなGnRHを調べるには向いていないのです。

■「終神経GnRH」は性行動のモチベーションを上げたり下げたりする

GnRH2やGnRH3はドワーフグーラミーの体の中で「いったいどんな役割をしているのか」の疑問に答えるために、オスのドワーフグーラミーの脳にある「終神経GnRHニューロン」を局所的に壊して、性行動にどのような変化が現れるかを調べました。

終神経GnRHニューロンはGnRH3を作って出す神経細胞です。これを壊してみた結果、観察している間、全く巣作りを始めようとしないオスが多く現れました。しかし、巣作り以外の性行動については特に変化はありませんでした。ただ不思議なことに、いったん巣作りを始めたオスは、通常のペースで巣作りを行ったのです。

このことから以下のことが考えられます。①GnRHニューロンを壊した個体でも巣作り行動ができなくなるわけではないから、巣作りに直接関わっているわけではない。②巣作り行動を始めようとしない個体がたくさん現れたことから、巣作りを始めるための「ハードル」の高さ、または「モチベーション」を調節しているのではないか。

巣作りを開始する「ハードル」、または「モチベーション」を調節するとはどういうことでしょうか？　天気の良い日と大雨の日では「出かけるハードル」、または「出かけるモチベーション」が変わりませんか？

天気の良い日なら用がなくても気軽に散歩に出かけるものの、大雨の日には大事な用でもなければ出かけない。これは、晴れの日には「出かける」というハードルが低くて、出かけるモチベーションも十分ですが、大雨だとハードルが高くなって、出かけるために十分なモチベーションが起こらないからといえます。

ドワーフグーラミーの場合も気温や日照などの環境の変化を察知して、巣作りを開始するタイミングになったときにだけ、開始のモチベーションが「上がる」と考えられます。これを調節しているのが「終神経 GnRH 系」なのではないかと、考えています。

しかし、今までに脊椎動物の終神経 GnRH 系を壊すような実験は、ほとんど報告がありません。そのため体の中でどのような働きをしているのかについては想像するしかないのですが、おそらく性行動を直接コントロールするのではなく、性行動を起こすモチベーションを下げたり上げたりするといった「微妙な調節」をしているのではないかと考えています。

こうした微妙な調節は、終神経 GnRH ニューロンが脳の広い範囲に広がっているからこそできるのだと考えられます。おそらく、GnRH3 に反応する神経細胞が脳のいたるところにあるのでしょう。環境や体の変化に応じて終神経 GnRH 系から分泌されるホルモンの量が変わることで、脳の広い範囲で神経細胞の「興奮しやすさ」が変わり、巣作り行動開始の「ハードルの高さ」や「モチベーション」が調節されるのだと考えられます（図3・7）。

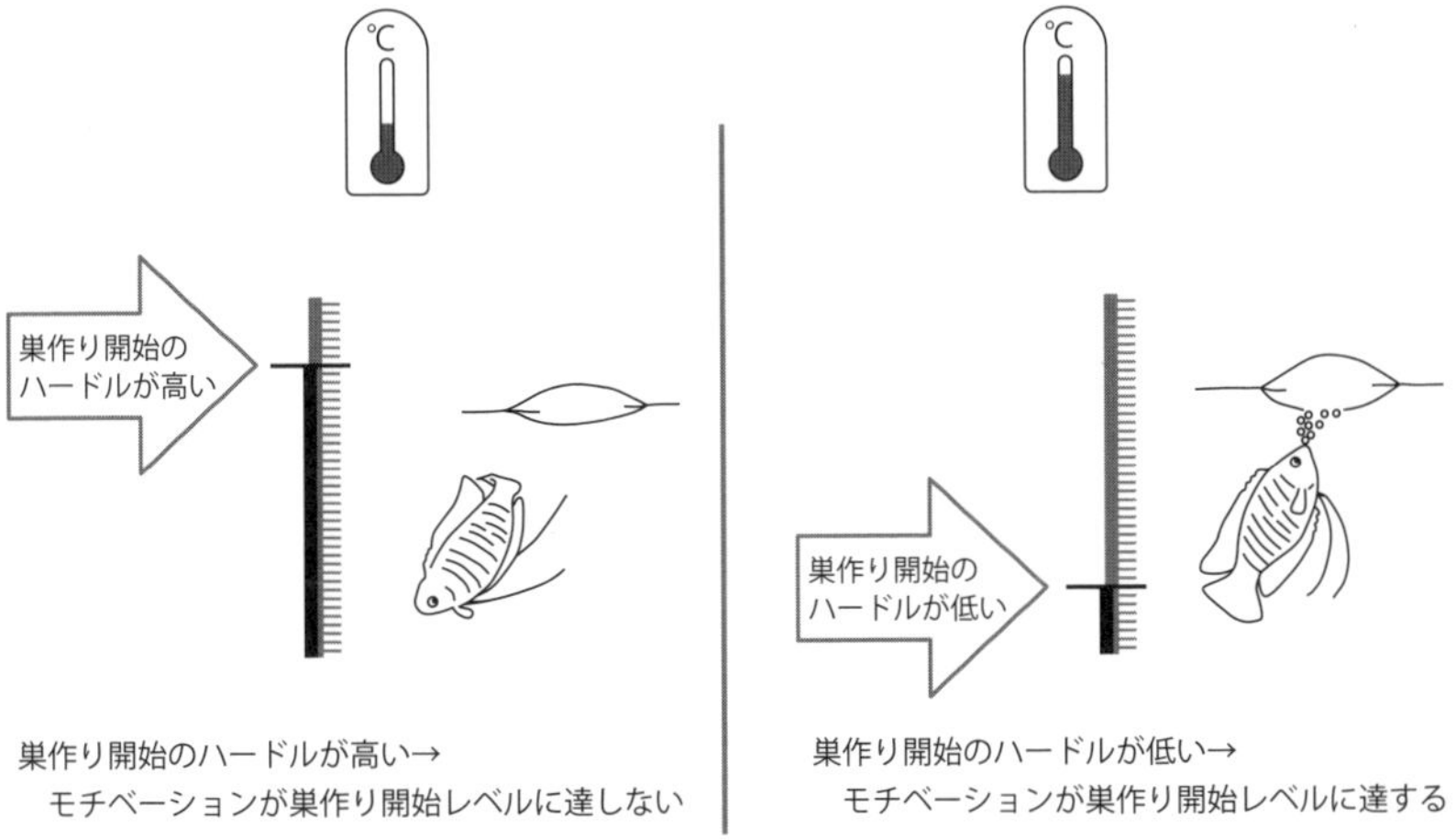
℃
℃
巣作り開始の
ハードルが高い
巣作り開始の
ハードルが低い
巣作り開始のハードルが高い→
モチベーションが巣作り開始レベルに達しない
巣作り開始のハードルが低い→
モチベーションが巣作り開始レベルに達する

図 3.7　終神経 GnRH 系は巣作り開始のハードルの高さを調節している？

■海は研究対象の宝庫

さまざまな実験を行うにあたり、神奈川県の三崎臨海実験所で過ごしたことからウニやホヤ、カワハギなど、多くの海洋生物と出会うことができました。

そして、ドワーフグーラミーと出会ったことで、GnRH ニューロンの種類や働きを明らかにすることができました。神経細胞の活動電位を発生させる仕組みはデンキウナギを、神経や筋肉で用いられる神経伝達物質はシビレエイを用いることによって明らかにされました。また、ヤリイカの巨大な神経軸索やアメフラシの巨大ニューロンを利用した研究は、ノーベル賞の受賞にまでつながりました。いずれも、最初から大きな発見につながると分かって研究を始めたわけではないでしょう。研究者自身がその生物にひかれ、研究材料としてその生物の特徴を見抜き、適切な実験を行ったからこそ得られた成果だといえます。

２００８年のノーベル賞に輝いた、オワンクラゲの「緑色蛍光タンパク質」に関する研究もその一つです。この蛍光タンパク質は、生物の研究に一種の革命をもたらしました。私たちの研究室ではこの蛍光色素を利用して、３種類の GnRH それぞれのニューロンが蛍光標識される「遺伝子改変メダカ」を作成して研究を行っています。

海には研究の対象となるような素晴らしい生き物が、まだまだたくさんいます。しかし、その「宝物」をどのように見つけ、どのように研究に活かすかはその人次第です。他の人が見過ごしてしまうような生き物に目を向けて、自分が「面白い」と感じたことを丹念に調べていくことで、そこから独創的な発想や思わぬ発見をすることができます。ドワーフグーラミーは、まさにこのことを私に教えてくれたのだと思っています。

質問コーナー

・「海」に関心を持ったきっかけは何ですか？

そもそも海が好きです。臨海実験所に着任することになったのは、ウニやホヤなどの海洋動物のイオンチャンネルを研究をするためでした。

・研究生活の中でのエピソードがあれば教えてください。

研究者というと実験室に閉じこもってひたすら実験を繰り返しているというイメージがあるかもしれませんが、研究室内外の人たちとコミュニケーションすることがとても大切だと考えています。そのため、セミナーや研究会と称して、皆で集まれる機会を積極的にセッティングしています。研究者は、自分が面白いと思うことを、他の人にも理解してもらう努力を怠ってはならないと考えています。

・先生にとっての「海」とは？

研究材料の「宝庫」です。海には未知の生物がまだまだ無数に眠っています。さまざまな海洋生物を調べることで、たくさんのことを知ることができます。

・中学生・高校生に向けたメッセージをお願いします。

好きなことをしてほしいですね。そのためには、まず好きなことを見つけることが大切です。どんな道に進むとしても、自分の好きなことをすることが一番だと思います。

さらに詳しく知りたい方へ

●書名：基礎から学ぶ神経生物学
著者：岡 良隆
出版社：オーム社
出版年：２０１２年

●ペプチドニューロンの神経生物学―ホルモンとしてはたらかない「ペプチドホルモン」は脳の中で何をしているのか？
http://www.bs.s.u-tokyo.ac.jp/~naibunpi/
https://www.jstage.jst.go.jp/article/hikakuseiriseika1990/19/2/19_2_120/_article/-char/ja/

●最終講義『生体情報学研究分野の開拓を目指して』岡 良隆（２０２１／３／19）
https://www.youtube.com/watch?v=3jp5-n2rob8

●性腺刺激ホルモン（脳科学辞典）
https://bsd.neuroinf.jp/wiki/%E6%80%A7%E8%85%BA%E5%88%BA%E6%BF%80%E3%83%9B%E3%83%AB%E3%83%A2%E3%83%B3

●書名：脳と生殖―GnRH神経系の進化と適応
著者：市川眞澄　他
出版社：学会出版センター
出版年：１９９８年

●東京大学理学部ホームページ　プレスリリース記事
https://www.s.u-tokyo.ac.jp/ja/press/
２００８年５月８日、２０１０年３月12日、２０１０年３月17日、２０１２年５月25日

●東京大学理学部ホームページ　研究者ビデオ紹介
https://www.youtube.com/watch?v=XLpMhQzhpjw

●東京大学大学院理学系研究科生物科学専攻生体情報学研究室ホームページ
http://www.bs.s.u-tokyo.ac.jp/~naibunpi/

COLUMN ③

ここに来れば未知の生き物と会えるかも!? 恵まれた生態系に囲まれた海の実験所 〜東京大学三崎臨海実験所〜

科学系ライター
工樂真澄

海には私たちが知らない生き物が、まだまだたくさん眠っています。神奈川県南東部に位置する三浦半島には、そんな海の生き物を研究する「東京大学大学院理学系研究科附属臨海実験所（通称：三崎臨海実験所）」があります。三崎臨海実験所は日本で最初にできた本格的な臨海実験所で、２０１６年（平成28年）に創立１３０周年を迎えました。日本だけでなく海外からも多くの研究者や学生が訪れ、その数は年間２万人にもなります。多くの研究者が三崎に集まる理由は、ここで出会える生き物の種類が豊富だからです。三崎の海にいる生き物を調べることで、日本の生物学は大きく発展してきました。

図１　三崎臨海実験所がある三浦半島
（出典：https://www.u-tokyo.ac.jp/focus/ja/features/z0508_00003.html 東京大学 FEATURES 記事内）

三崎臨海実験所の開設に力を尽くしたのが、初代所長となる箕作佳吉（みつくり かきち）博士です。サメ好きな人なら「ミツクリザメ」を知っているでしょう。あの名前は博士にちなんでつけられたものです。箕作博士は日本人としては最初の動物学の教授です。

海外で動物学を学んだ博士が強く望んでいたのが、日本での臨海実験所の設立でした。日本の地形は南北に長く、周りを海で囲まれています。そのた

図２　箕作佳吉博士
（出典：三崎臨海実験所「海のショーケース」パンフレットより）

め、アメリカやヨーロッパより海の生き物の種類がずっと豊富で、そこでしか見られない生き物が多いのが特徴です。博士はこのような日本の海の特徴に早くから気づき、それを生かした研究を行うべきだと考えていました。

日本の中でも、三浦半島のある相模湾は生き物の種類が特に豊富なことで知られています。相模湾には水深1000メートルを超える「相模トラフ」があり、ここには多くの深海生物が生息しています。そしてこの辺りの海には表層を流れる「黒潮」と深層を流れる「親潮」という二つの大きな海流にのって、遠い南の海にいる亜熱帯の生き物や北の海にいる生き物がやってきます。さらに、三崎周辺は海岸線の出入りが複雑で、荒磯や砂浜、干潟など変化に富んだ地形のおかげで、さまざまな生き物が生息するのに適しているのです。このような恵まれた生態系を持つ三崎の地に、日本で初めてとなる臨海実験所が開設したのは1886年（明治19年）のことです。

当時の交通といえば、東海道線は新橋と横浜をつないでいただけで、実験所を訪れる学生や教員は横浜から歩くか、東京から汽船に乗ったといいます。電気のない時代でしたから、研究はもちろんのこと、宿泊や食事の準備などもたいそう不便だったことでしょう。それでも、三崎の生き物に魅せられた多くの学生や教員が頻繁に訪れたそうです。

開設から130年以上たった今でも、多くの人が三崎臨海実験所で熱心に研究に打ち込む姿は変わりません。現在の実験所は、広い敷地に研究棟、教育棟、宿泊棟を備えた大規模な施設へと様変わりしました。生き物の飼育はもちろんのこと、「シーケンサー」や「P1実験室」といった遺伝子実験を行うための特別な設備も充実しています。

2020年（令和2年）に新たに新設された「教育棟」には「海のショーケース」と名づけられた展示室があり、水槽はもちろんのこと、かつての水族館から引き継いだ標本や調査用具などがぎっしりと並べられています。展示室はこれから一般の人にも公開される予定ですので、もし機会があれば、三崎まで足を運んでみてはいかがでしょう。珍しい生き物や貴重な標本にきっと驚かれると思いますよ。

図３　実験所の歴史を物語る資料が並ぶ「海のショーケース」
（出典：https:// www.u-tokyo.ac.jp/focus/ja/articles/z0508_00066.html 東京大学 FEATURES 記事内）

#04

謎深き魚、ウナギを追って

東京大学大学院情報学環／大学院農学生命科学研究科
黒木真理
取材・構成 大谷有史

ウナギは古くから人々に親しまれてきました。日本での歴史は縄文・弥生時代に遡り、遺跡からは130カ所でウナギの骨が出土しています。また、ヨーロッパでも紀元前にはすでにウナギを食べていた文献が残っています。これほど昔から私たちの生活の中に存在していたウナギですが、2009年まで誰も天然のウナギの卵を見たことがありませんでした。

■ウナギはどこで生まれるの？

科学的なウナギの産卵場の調査が始まったのは、20世紀のヨーロッパです。デンマークの海洋学者であるヨハネス・シュミット博士が調査を行いました。それまで地中海にあるといわれていたヨーロッパウナギの産卵場が、大西洋にあるのではないかと考え、4隻もの調査船を使うだけでなく、北米とヨーロッパを結ぶ大西洋航路の商船にもプランクトンサンプルの採集を依頼して、北大西洋中で網羅的な調査をしました。

シュミット博士らが集めた大西洋のウナギのレプトセファルス（幼生）の体長とその分布を整理すると、興味深いことが分かりました。ある一点を中心に同心円を描くように同じ大きさのレプトセファルスが分布しており、中心に向かうにつれてどんどん小さくなっていくのです。このことから、同心円の中心、バミューダ沖のサルガッソ海がヨーロッパ

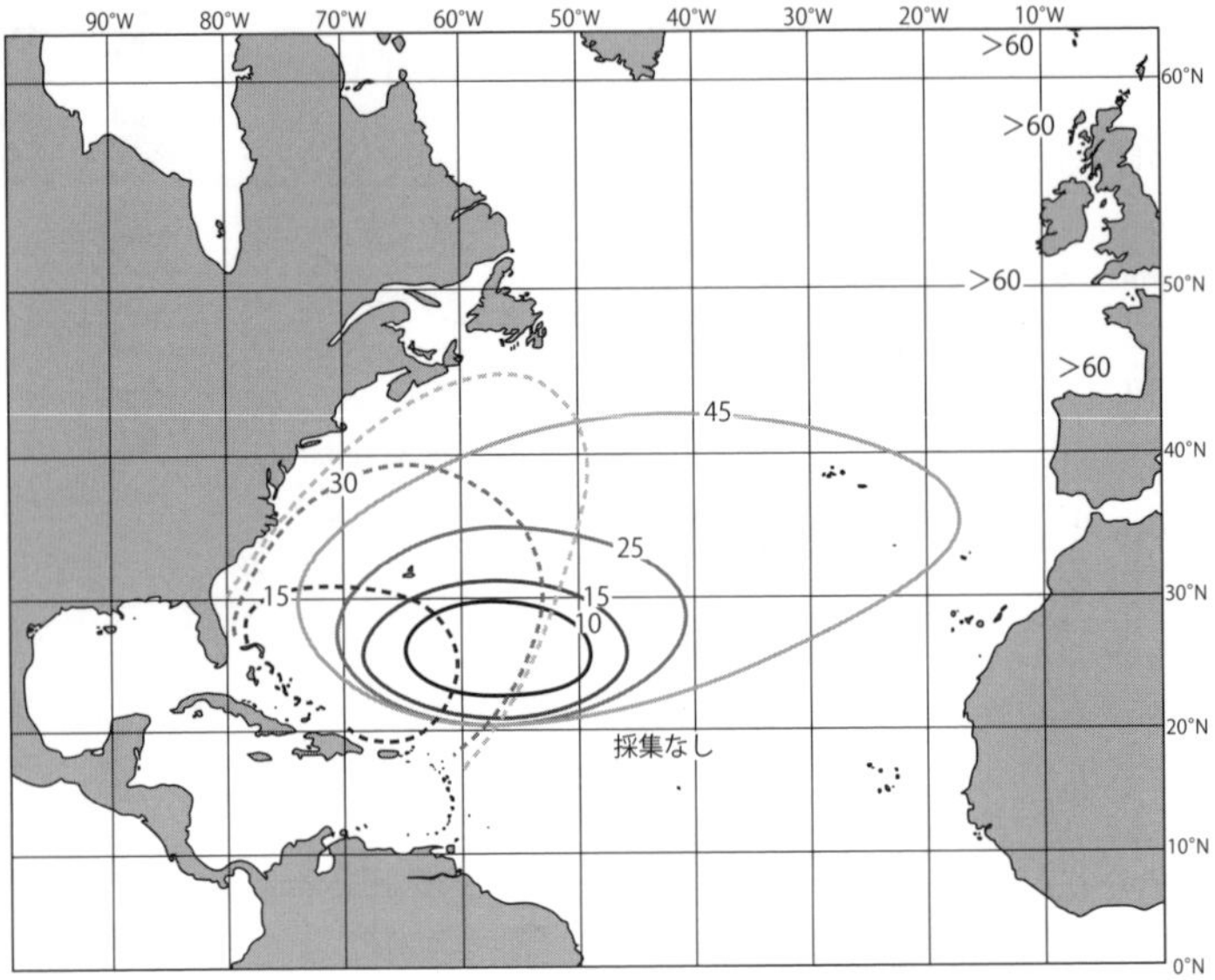

図 4.1　デンマークの海洋学者ヨハネス・シュミットが推定した大西洋ウナギの産卵場。実線はヨーロッパウナギ、点線はアメリカウナギのレプトセファルスが採れた範囲。図中の数字は採集されたレプトセファルスの体長（mm）を示す。

ウナギとアメリカウナギの産卵場だということが分かりました。

それでは、日本を含む東アジアに生息しているニホンウナギの産卵場はどこにあるのでしょう？　１９３０年代から北太平洋で多くの海洋調査が行われて、ようやく明らかになりました。なんと、ニホンウナギは日本から遠く離れた西マリアナ海嶺で卵を産んでいたのです。ウナギは、生まれた海から何千㎞も離れた日本の川まで回遊します。そして数年かけて成長したあと、すんでいる川からまた何千㎞も離れた西マリアナ海嶺まで回遊して繁殖します。

どうしてウナギはすんでいる

#04
謎深き魚、ウナギを追って

川から遠く遠く離れた海まで移動して産卵するのでしょうか。とんでもなく大きな危険を伴う大移動を行う理由は何でしょうか。ウナギとは、いったいどんな生き物なのでしょうか。

■ウナギの生活史

ウナギは「通し回遊魚」といって、一生のうちに川と海という異なる水圏環境を移動する魚です。通し回遊魚には典型的な三つのタイプがあり、ウナギは産卵のために川から海へ移動する「降河回遊魚」です。ウナギとは反対に産卵のために海から川に遡上するサケのような魚を「遡河回遊魚」、産卵に関係なく海と川を行き来するアユのような魚を「両側回遊魚」といいます。

海で卵から孵化したウナギのレプトセファルスは、透明でオリーブの葉っぱのような形をしています。この形は、沈みにくく海水中を浮遊して生活するのに適しています。レプトセファルスは海流に乗って回遊しながら少しずつ大きくなって、沿岸近くで鉛筆のように細長い透明なシラスウナギへと変態します。

シラスウナギになってしばらくすると、河口域にやってきて、川での長い生活が始まります。体の色が少し黒くなりクロコと呼ばれるようになったのち、黄ウナギと呼ばれる成長期に入ります。そうして何年も川で生活するうちにどんどん大きく成長していきます。やがて、成熟が始まると背中は黒色、お腹は銀色の銀ウナギへと変化します。そして銀ウナギは、川を降って産卵場のある海へと戻っていくのです。

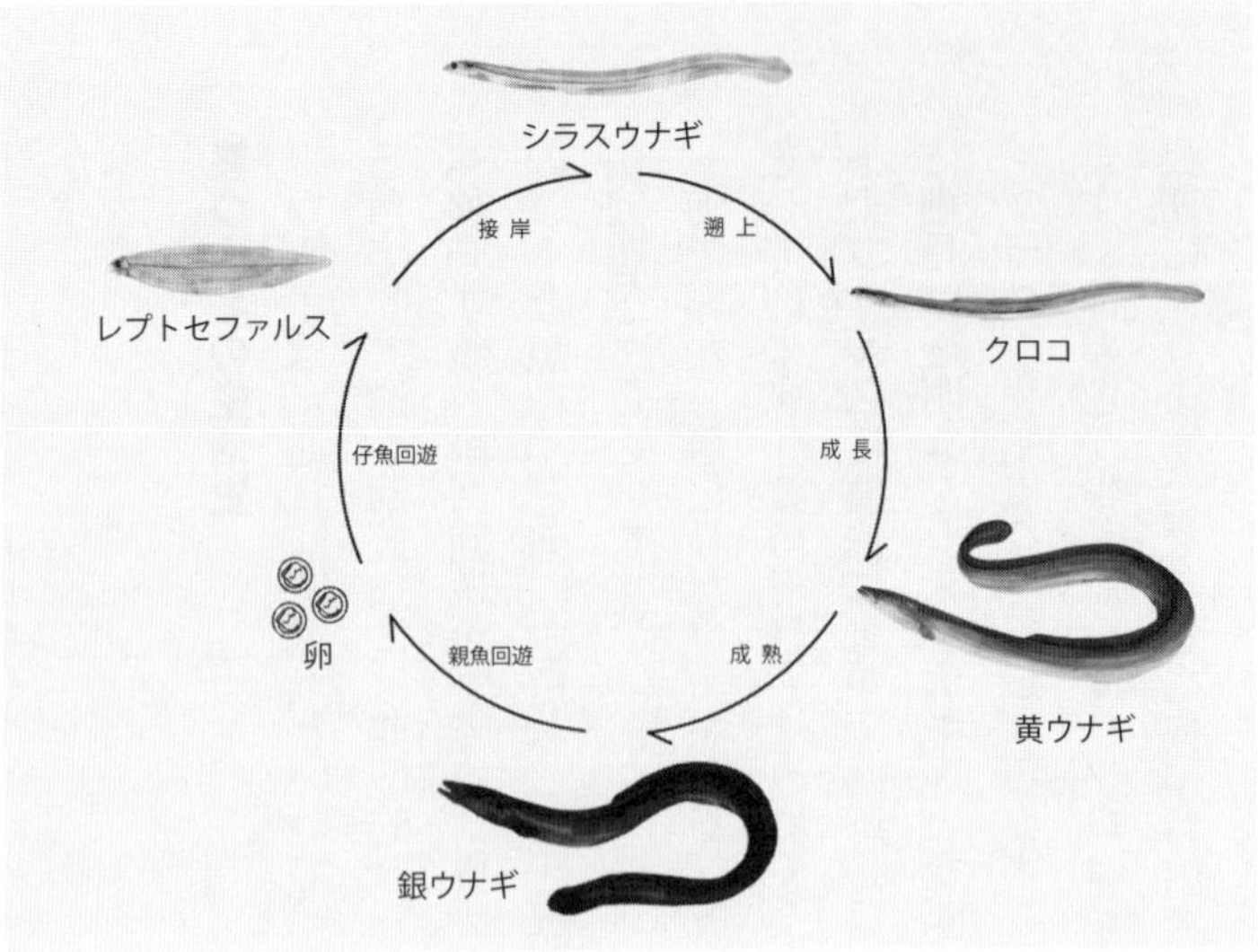

図 4.2　ウナギ属魚類の生活史。海での生活はまだよく分かっていないことが多い。（黒木・森田 2021「鮭と鰻の Web 図鑑」より転載）

広大な海でウナギの産卵場を見つけるためには、卵や生まれたてのウナギの幼生、小さなレプトセファルスを採集する必要があります。卵や生まれたばかりの小さなレプトセファルスは、パッチと呼ばれる濃密な分布を作ります。パッチは海の中で時間の経過とともに水平的に徐々に広がっていきますが、海洋中に放出されたばかりの卵は親ウナギが産卵したピンポイントの場所で調査しなければ、採集することはできません。それに加えて、時間の問題もあります。卵は受精後わずか1・5日で孵化します。したがって、卵を採集するのは容易ではありません。

東京大学の塚本勝巳博士らのグループでは、より小さなウナギのレプトセファルスを見つけるために、数多くの調査航海を何度も繰り返してきました。そして、採集された小さなレプトセファルスの発育段階と分布している場所と分布していない場所を地道に整理し、海流の海洋物理情報などと合わせて、ようやくウナギの産卵場を突き止めることができたのです。

■耳石から読み解くウナギの生態

ピンポイントでウナギの産卵場を特定するには、採集したレプトセファルスが生まれてから何日経っているのかを正確に調べる必要があります。そのために用いられるのが、魚の内耳にある「耳石」と呼ばれる硬組織です。

聴覚を司り、体のバランスを保つ働きをする耳石は、主に炭酸カルシウムの結晶でできており、木の年輪のように同心円を描いて成長します。1日に1層ずつ大きくなるので、この層(日輪)を数えるとレプトセファルスの日齢(生まれて何日目なのか)を知ることができます。

ただし、日輪は細かすぎて肉眼で観察することはできません。そこで使うのが、走査電子顕微鏡という微小な構造を観察することができる装置です。走査電子顕微鏡で観察するための専用の試料は、光にかざすと向こう側が透けて見

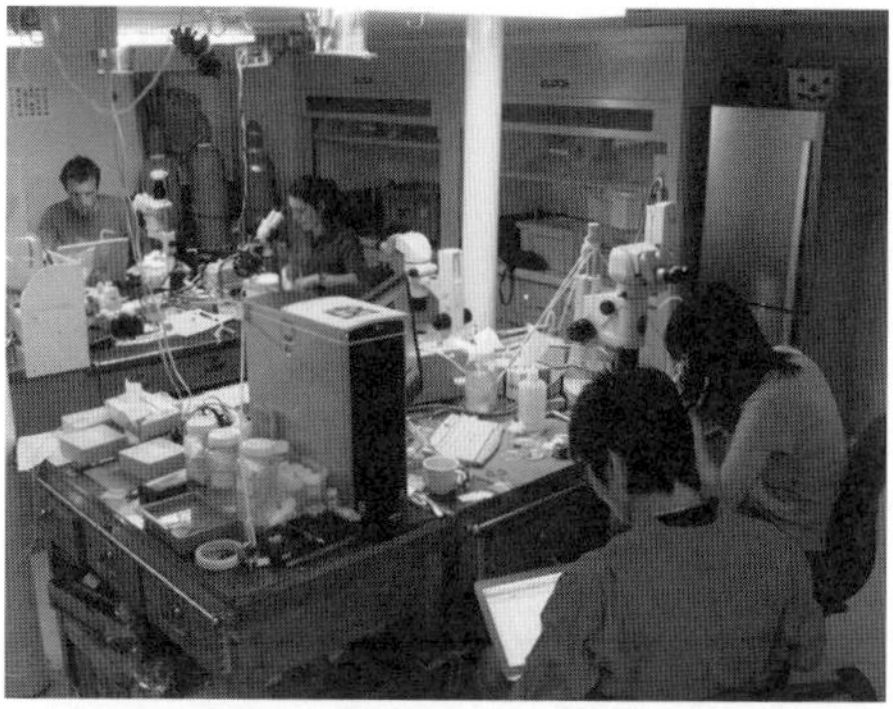

図 4.3　学術船白鳳丸での調査風景。採集されたレプトセファルスは種を同定するために顕微鏡で形態観察を行う。顕微鏡やコンピューターなどの調査機材は船の揺れで動かないように、ロープで結んで固定している。(写真：塚本勝巳)

えるほど耳石を薄く削って作ります。全長10～30ミリメートル程度のレプトセファルスが持つ耳石はとても脆くて小さく、ピンセットを使ってやさしくそっとつまもうとしても、小さすぎて上手く掴めなかったり、弾いてしまったりします。さらに、耳石核と呼ばれる中心部分を通って明瞭に同心円の層が見えるようにていねいに削っていく繊細な作業が必要となります。

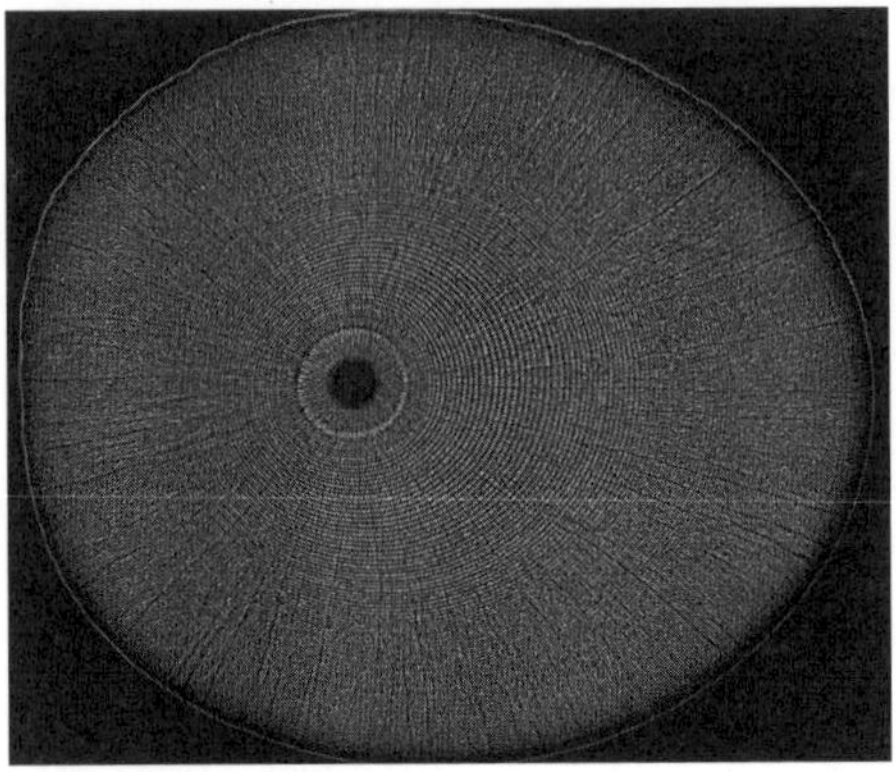

図 4.4　ウナギ属魚類のレプトセファルスの耳石の走査電子顕微鏡写真。耳石中心部の核から同心円状に成長する。

観察用の耳石試料を作り上げることができれば、耳石の日輪から日齢を査定することができます。日齢が分かると、その個体の誕生日も特定できます。産卵場付近で採集したレプトセファルスの日齢を求めて、採集した日から日齢を差し引けばよいのです。

この方法を使って調べていくと、ニホンウナギのレプトセファルスは各月の新月期に生まれていたことが分かりました。つまり、ニホンウナギは産卵期の間、連続的に産卵しているわけでも、適当な時期に集まって産卵しているわけでもありませんでした。月の満ち欠けの周期に合わせて、各月の新月期に規則的に一斉に産卵していたのです。

また、この小さな耳石に含まれる微量な元素を分析すると、川と海を移動してきた過去の行動履歴を推定できたり、酸素安定同位体比の組成から、どのくらいの深さの海に分布していたのか、ということを知ることができます。こうしたデータを分析することで、ニホンウナギの産卵水深は西マリアナ海嶺の水深およそ170メートルと推定され、実際に推定された水深帯で卵を見つけることができたのです。

■ウナギの回遊のスケールはさまざま

現在、世界に分布するウナギの仲間（ウナギ属魚類）のなかで最も原始的なウナギは、インドネシアのボルネオ島に分布するボルネオウナギと考えられています。ウナギの仲間はこの熱帯域付近で派生して、やがて世界に分布域が広がっていったと考えられています。ニホンウナギは、西マリアナ海嶺にある産卵場から数千㎞も回遊して東アジアの生育場にやってくると紹介しましたが、ウナギの種類によって回遊のスケールや分布する範囲は大きく異なっています。その謎を解く鍵は、それぞれの産卵場の位置と海流にあります。インドネシア周辺地域にのみ分布する熱帯のウナギは、インドネシア海域のセレベス海やトミニ湾で孵化してまもないレプトセファルスが発見されました。つまり、これらの種は半閉鎖的なインドネシアの海域に産卵場を持ち、近くの川に遡って成長する小規模な回遊を行っていると考えられています。

一方、西部北太平洋に生息するオオウナギは、生まれたばかりのレプトセファルスがニホンウナギと同じマリアナ西方海域で見つかり、産卵場はこの海域にあることが分かりました。この産卵場で生まれたレプトセファルスは、西向きの北赤道海流から、南方に流れるミンダナオ海流と北方に流れる黒潮によって、それぞれの成育場付近まで運ばれると考えられています。

オオウナギはニホンウナギと同じような場所に産卵場がありますが、両者の産卵時期のピークは異なっていてオオウナギはおもに熱帯域に分布し、ニホンウナギは日本を含めた東アジアの温帯域に分布していて、シラスウナギがたどり着く成育場が異なっています。さらに詳しいことを知るために、フィールドでの調査や数値シミュレーションを使った研究が続けられています。

図 4.5　熱帯に生息するウナギの産卵場の一つと推定されているインドネシアのトミニ湾（口絵 8 参照）

■大都市の川にすむニホンウナギ

ニホンウナギを保全するためには、まず河口や河川における彼らの生息環境を理解することが重要です。日本の河川は、底質が土や石、岩など自然のままではなく、コンクリート製の護岸や人工堰ができたり、河口や河川敷が開発されているところも多くなりました。また、外来生物の移入によって生態系が変化しているところもあります。そこで、私たちの研究室では、大都市の東京都と神奈川県の境を流れる多摩川水系のウナギの生息状況を調査し、ウナギの生活に河川環境がどのように影響しているかについても調査をすすめています。

河川、湖沼、海、そして土壌など自然環境の中には、環境ＤＮＡと呼ばれる生物由来のＤＮＡが存在しています。この環境ＤＮＡを検出することで、生物がどこにすんでいるか

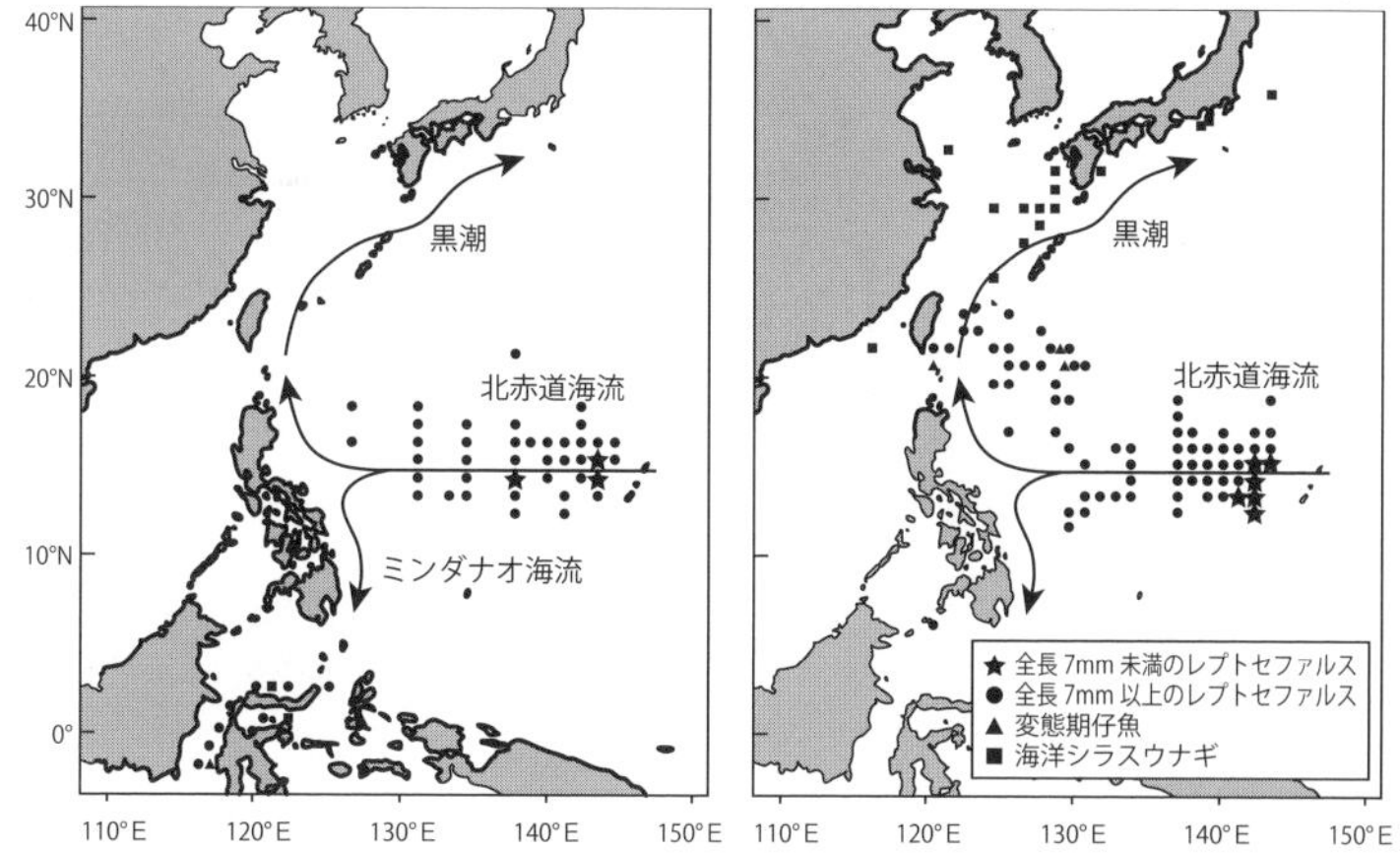

図 4.6　オオウナギ（左）とニホンウナギ（右）の分布域とレプトセファルスの採集地点。ニホンウナギは北赤道海流から黒潮に乗り換えて北に向かい、東アジアに接岸するのに対し、オオウナギは北赤道海流から多くが南に向かうミンダナオ海流に乗り換えてインドネシアやフィリピンに接岸する。

を知ることができますが、私たちの研究グループでは環境ＤＮＡ法を使って、代表的な都市を流れる多摩川水系のどのあたりにニホンウナギが生息しているかを調べました。多摩川のようなたくさんの堰がある規模の大きな河川では、全ての流域でウナギを捕まえて、その分布を把握することは、時間と労力のかかる作業です。それに比べて、環境ＤＮＡ法は比較的簡便で誰でも実施しやすい方法といえます。なぜなら、それぞれの調査地点で2リットルの河川水を採取し、そこに含まれるＤＮＡを調べることで、ウナギの大まかな分布を把握することが可能だからです。

1年間を通じて調査してみると、多摩川水系では、ニホンウナギのほか、コイやウグイ、オイカワなど90種類以上の魚類の環境ＤＮＡが抽出されました。このうち、ニホンウナギの環境ＤＮＡは、多摩川本流で

図 4.7　東京大学の海洋教育基盤プロジェクトで制作した「鮭と鰻の Web 図鑑」（https://salmoneel.com）

は最も上流の地点を除くほぼ全ての本流の調査地点で検出され、下流域ほど多く検出される傾向があることが分かりました。一方、多摩川下流域の支流では、ウナギの環境ＤＮＡは年間を通じて一度も検出されませんでした。この流域は住宅街を流れており、３面コンクリートで護岸されていたり、水深が浅かったりと、ウナギが好まない環境となっています。災害対策の点からも護岸や人工堰は重要ですが、魚類が川を行き来できる魚道を設けたり、生息に適した環境を残す工夫をすることも大切と感じています。

■海洋生物の情報発信

ウナギは、謎めいた生き様をもつ魅力的な生き物です。研究を続けていく中で、その生き物としてのおもしろさや研究で明らかになった最新の知見を多くの人に知ってほしいと思い、情報の発信にも力を入れてきました。最近では、私たちに身近な回遊魚の生物学的な情報や彼らをとり巻く地球環境の変化について知ってもらうため、ウェブを通じて伝える仕組みづくりにも取り組んでいます。「鮭と鰻のＷｅｂ図鑑」(https://salmoneel.com) の制作はその一つです。遊泳する回遊魚の姿を写した水中写真、鮮やかなイラスト、サケとウナギの生活史を紹介するアニメーションなどとともに、専門家でもあまり知らないような知見も分かりやすく理解できます。さらに詳しく知りたいときには、学術論文も参照することができる図鑑を目指し、試行錯誤しながら作り上げました。たくさんの人がこうした海洋教育コンテンツを楽しんでくれて、生物を身近に感じてくれると嬉しく思います。

質問コーナー

・研究者になろうと思ったきっかけは何ですか？

研究船に乗ったことが大きなきっかけです。本物のレプトセファルスを初めて見て綺麗だなと感動し、成体とかけ離れた形が印象的でした。実際に海に出て研究対象のウナギに対する興味や愛着が増しました。

・研究生活の中でのエピソードがあれば教えてください。

インドネシアの研究船に乗るときは、乗組員はほぼ全員インドネシア人だったので、コミュニケーションをとるためにインドネシアの言葉を勉強しました。当時、インドネシアでは日本のドラマ『おしん』が流行っていたらしく、私は日本人女性ということで、「おしん」と呼ばれていました。

・先生にとっての「海」とは？

海といえば、以前は波打ち際から見る景色が「海」のイメージでしたが、調査航海で初めて外洋に出て、海の青さに感動しました。それと同時に、荒れた海の恐さも体験し、畏怖の念もより強く抱くようになりました。

さらに詳しく知りたい方へ

〈興味を持つための本〉

●書名：**うなぎのうーちゃん だいぼうけん**
著者：黒木真理（文）・須飼秀和（絵）
出版社：福音館書店
出版年：２０１４年

●書名：**うなぎ 一億年の謎を追う**
著者：塚本勝巳
出版社：学研プラス
出版年：２０１４年

●書名：**アフリカにょろり旅**
著者：青山潤
出版社：講談社
出版年：２００７年

〈深く知るための本〉

●書名：**旅するウナギ― 1億年の時空をこえて**
著者：黒木真理・塚本勝巳
出版社：東海大学出版会
出版年：２０１１年

●書名：**ウナギの科学**
著者：塚本勝巳（編著）
出版社：朝倉書店
出版年：２０１９年

●鮭と鰻のＷｅｂ図鑑
発信名：黒木真理・森田健太郎
https://salmoneel.com

COLUMN ④

耳石を見てみよう

前 東京大学大学院教育学研究科附属海洋教育センター
進士淳平

耳石とは、私たち人間をはじめとする脊椎動物の内耳にある炭酸カルシウムでできた組織です。体が傾いたときに内耳の中で一緒に傾くので、これを利用して体の傾きを感じとるために機能します。人間では内耳の前庭器官というところの感覚細胞の上に砂状に存在することから聴砂あるいは平衡砂とも呼ばれています。硬骨魚、すなわち私たちが魚と聞いて一般的にイメージする魚類の大部分では、耳石は砂状ではなく名前の通り石として存在します。魚類や生息環境ごとに大きさや形が異なることが知られ、その分析によって年齢やいつどこで何をしていたか行動履歴をある程度追えることが明らかになっています。本書において紹介されている黒木先生の研究でも、この耳石がウナギの知られざる生態を解明する重要なキーとなっていました。本稿では、魚がどう生きてきたか、その情報が凝縮された存在である耳石を実際に取り出して観察する方法を解説します。

耳石のある場所

魚の耳石も人間と同様に内耳にあります。魚に耳はないように見えますが、耳たぶがなくても耳の穴がなくても頭の中に内耳と呼ばれる器官があり、ここで音を感じとっています。この内耳は、人間の内耳と相同（進化的な起源が同じ、つまり人間の内耳は魚の内耳に相当すると考えてよい）な器官となっています。頭蓋骨の中にあり、脳の左右に位置するところも同じです。このように機能が同じ相同な器官を持つことから、魚類と人間が共通祖先から派生したある程度近縁なもの同士であることがうかがえます。

耳石の取り出し方

耳石の取り出し方を図説します（図1）。頭蓋骨を料理用ハサミなどで縦に割り、脳を取り除くとたいていは耳石が見つかります。このとき真っ先に見つかる耳石は、ほとんどの場合3種類ある耳石の中で最も大きい扁平石《へんぺいせき》です（ただしコイの仲間など扁平石がないものもいる）。このほかに魚類は礫石《れきせき》と星状石《せいじょうせき》という2種類の耳石を持ちますが、扁平石と比べ非常に小さいため見つけるには慣れが必要です。通常の骨との見分け方は、色と硬さです。魚類の骨は、通常、半透明であるのに対し、耳石は骨と比べ白く透明度が低いです。また、骨はある程度の弾力があるのに対し、耳石はまさに名前の通り石のように硬く弾力があり

耳石を見てみよう

ません。骨と違ってピンセットなどでつまむと割れやすいので、取り出す際は力加減に注意が必要です。

実際に耳石を取り出してみると、耳石の形も頭に対する耳石の大きさも魚種ごとに違うことが分かります（図２）。耳石は、ニベと呼ばれる魚の仲間では非常によく発達しており、それ故にニベの仲間はイシモチという俗称で呼ばれています。ただし、このニベの仲間はスーパーなど身近な場所で必ず見つけられる魚ではないため、今回は取り扱いませんでした。ニベの仲間は、かつては多くの市場に出回っていたそうですが、乱獲で激減し、今では時折見かける程度になってしまいました。今、スーパーに並んでいるありふれた魚も、将来いずれそうなることもあるかもしれません。そのような未来とならないために、魚類の生態を解明する強力なツールとして、今日も耳石は水産学者の間で利用されています。

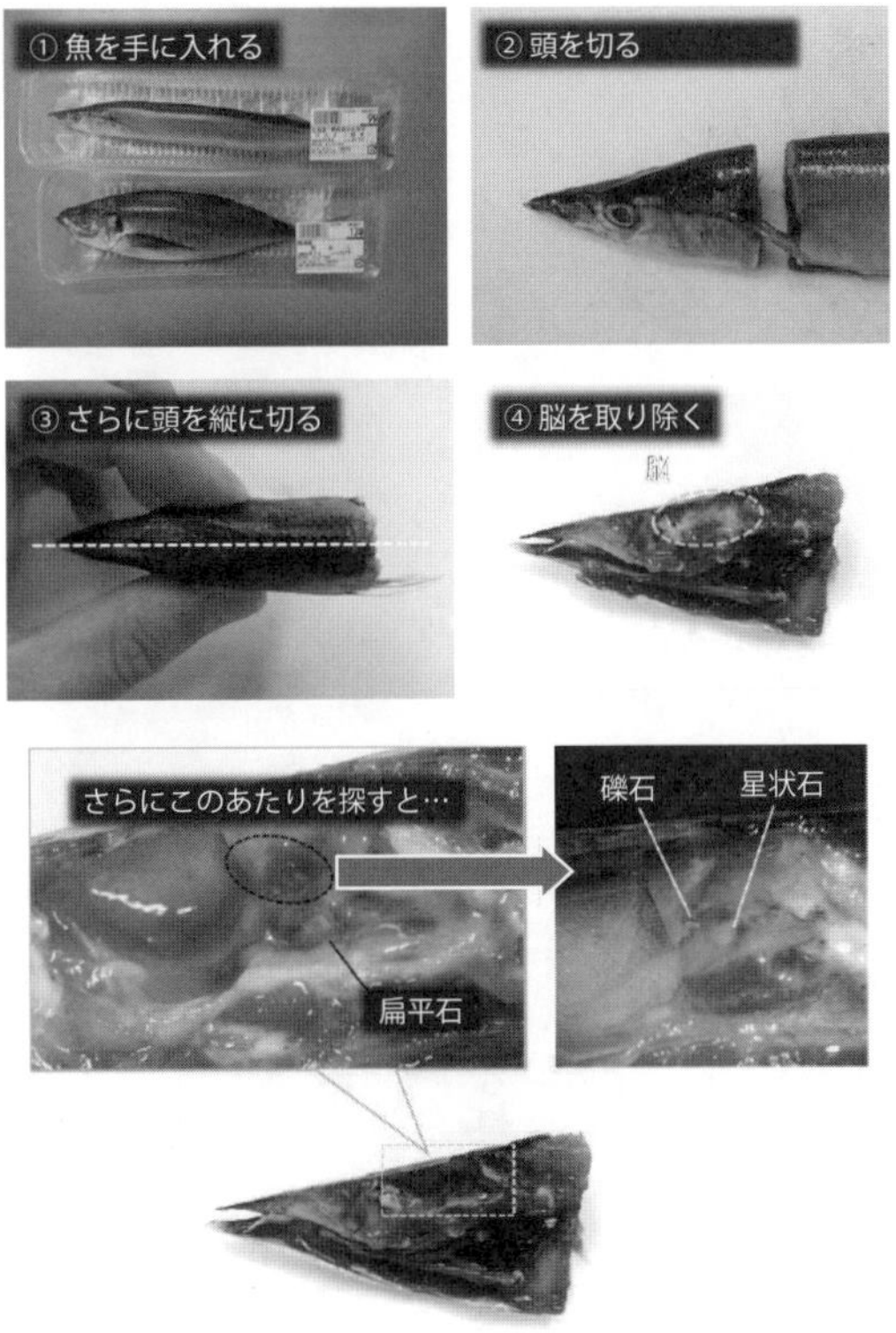

図１　耳石の取り出し方

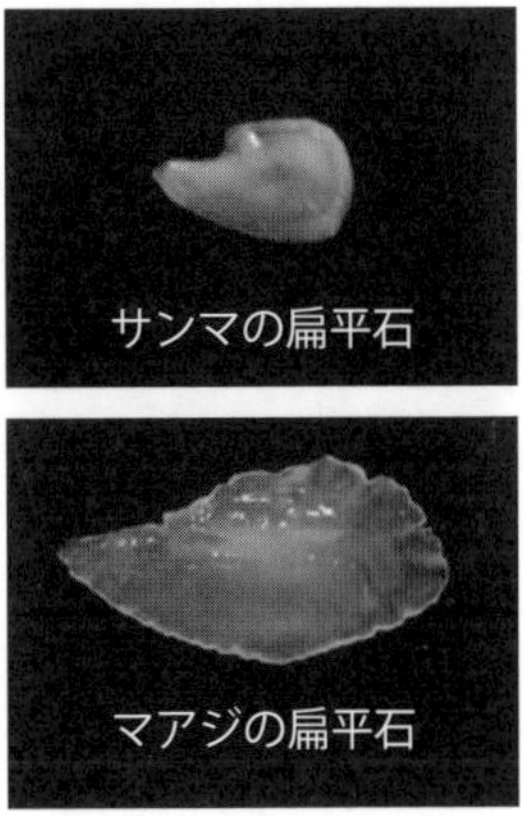

図２　魚種ごとの耳石の形の違い

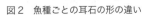

#05

地球はなぜ奇跡の星になったのか？

東京大学大学院理学系研究科　地球惑星科学専攻
田近英一
取材・構成 工樂真澄

■太陽は暗かったのに気温は高かった？「暗い太陽のパラドックス」

地球は「太陽系」にある8つの惑星の中の一つで、太陽に近いほうから数えて3番目に位置します。太陽系の惑星に大きな影響を与えるのが、太陽からの「日射量」です。日射量は太陽からの距離によって変わります。例えば、地球より外側の軌道を回る火星は、日射量が小さく温度が低いため水があったとしても凍ってしまいます。地球より内側の金星では日射量が大きすぎて水は蒸発してしまいます。地球は水を液体のまま保つのに「ちょうどいい」位置にあるといえます。地球のように水が氷でも水蒸気でもなく、液体として存在できる軌道の範囲を「ハビタブルゾーン（生命が生存可能な領域）」と呼びます（図5・1）。

それでは、地球は誕生以来ずっと「ハビタブル」、すなわち生命が存在できる環境だったのでしょうか？

太陽のエネルギーは、太陽の中心で行われている「核融合」という反応によって作られています。核融合は、反応が進めば進むほど、ますます起こりやすくなるため、太陽は年月を経るとともに明るくなっていきます。裏を返せば、昔の太陽は今よりも暗かったということです。計算によれば、太陽系が誕生した約46億年前には、太陽の明るさは現在の約

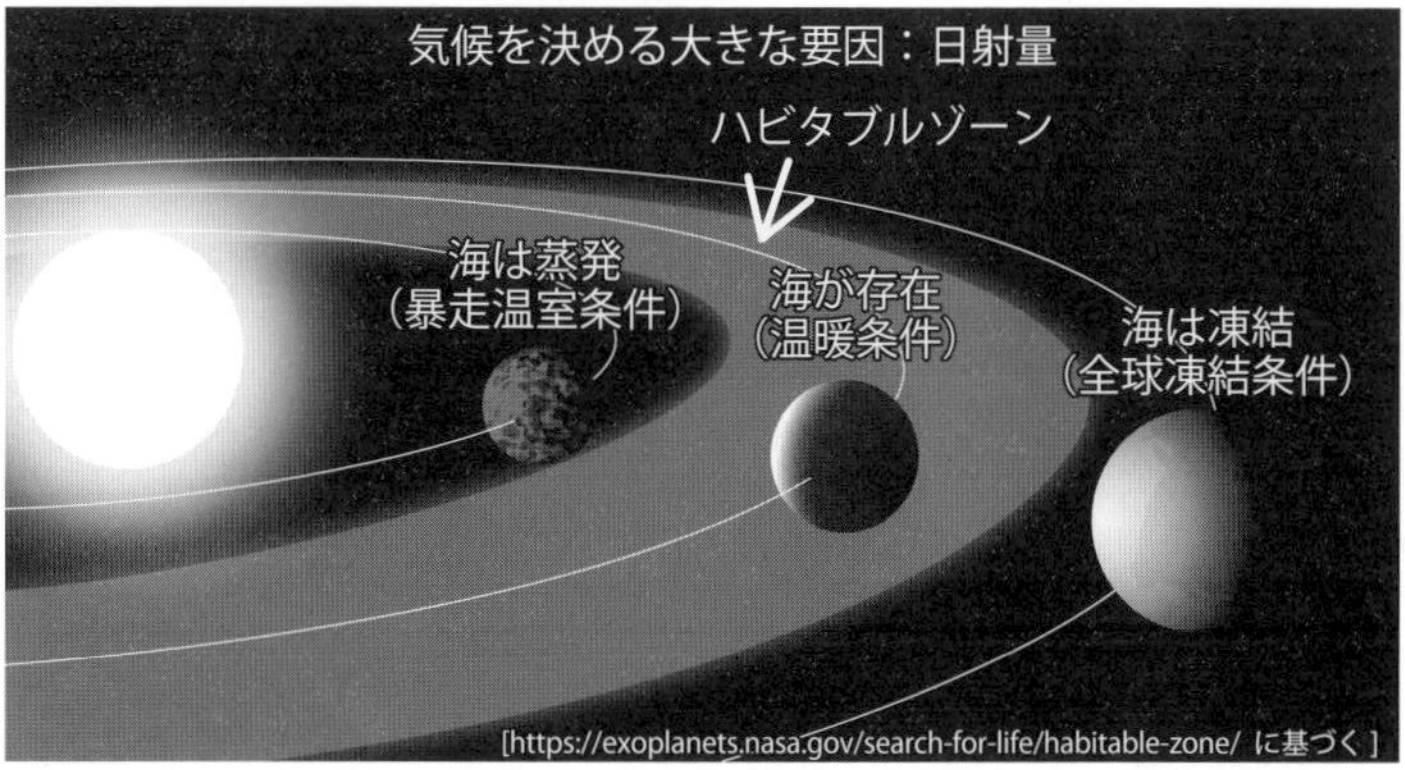

図 5.1　ハビタブルゾーン

７割しかなかったことになり、地球が受け取る日射量もそれだけ少なかったはずです。予想される日射量から推定すると、地球誕生から20億年前ぐらいまでの地球表面の温度は「氷点下」だったことになります（図５・２）。

ところが、実際の気温はそれほど低くはなかったと考えられています。古い時代にできた岩石を分析した結果から、30億年前より昔の海水の温度は55℃から85℃、またはそれより高かった可能性があると推定されています。もしこの結果が正しいとすれば、当時の地球の気温は現在よりもずっと高かったと考えられるのです。

「太陽は暗かったのに気温が高かったのはなぜか？」これは「暗い太陽のパラドックス」と呼ばれ、地球惑星科学分野の謎の一つとされています。多くの研究者が挑んできたこの謎に、過去の地球の環境条件や生物の活動などを考えて取り組むことにしました。

実は「暗い太陽のパラドックス」は、地球誕生から現在まで、地球の「大気」がずっと変わらなかったことを前提にしています。しかし、何十億年も前の地球の様子は今とは大きく異なっていたはずです。まずは、地球が誕生した頃の「大気」についてお話しすることにしましょう。

大気中の二酸化炭素を調節する仕組みとは？

現在の地球の大気は約78パーセントが窒素で、残りのほとんどを「酸素」が占めています。しかし、地球が生まれた頃の大気中には酸素はまったく含まれていませんでした。酸素が増えはじめたのは約24・5億年前のことで、それより前の大気中には「二酸化炭素」がたくさん含まれていたと考えられています。

「二酸化炭素の増加が地球の温暖化を招く」と聞いたことがあるでしょう。二酸化炭素は地表から放出される熱を吸収して、地表の温度をよく保つ効果があります。このような気体を「温室効果ガス」と呼びます。近年、温室効果ガスが急激に増えたことが原因で、地球が温暖化していることが明らかになっています。しかし、もし地球の大気中に温室効果ガスがまったくないとすると、地球の気温は氷点下18℃くらいになると予想されます。現在の地球の気候が温暖なのは、二酸化炭素などの温室効果ガスのおかげなのです。

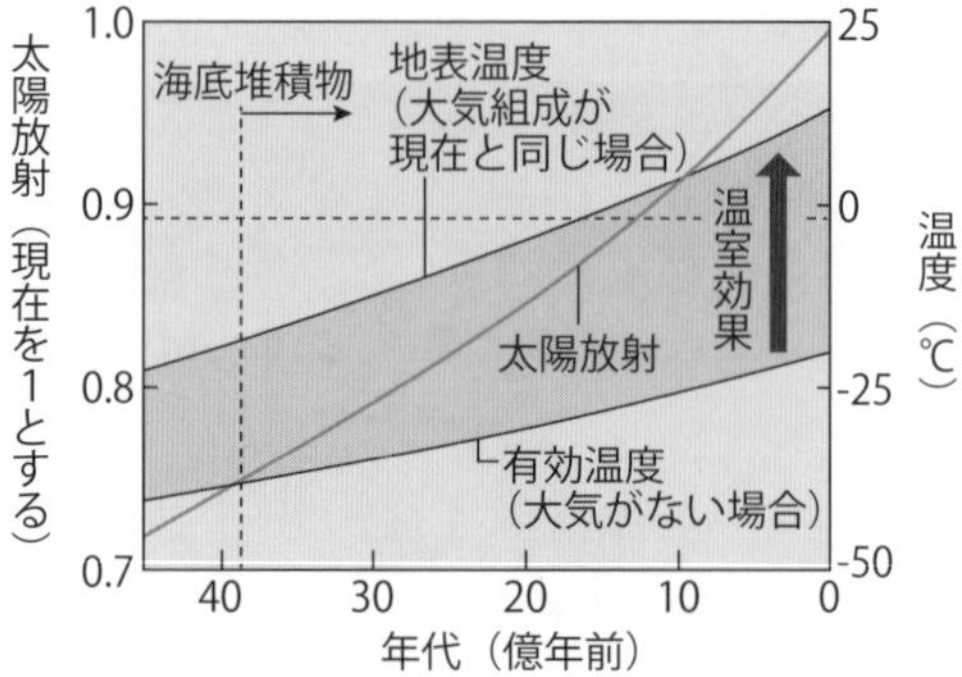

図 5.2　太陽が暗かった時代、地表温度は氷点下以下だった？

地球が誕生した頃、もし、大気に現在よりもずっと多くの二酸化炭素が含まれていたとすれば、日射量が現在の7割しかなかったとしても地表の温度を保つことができたでしょ

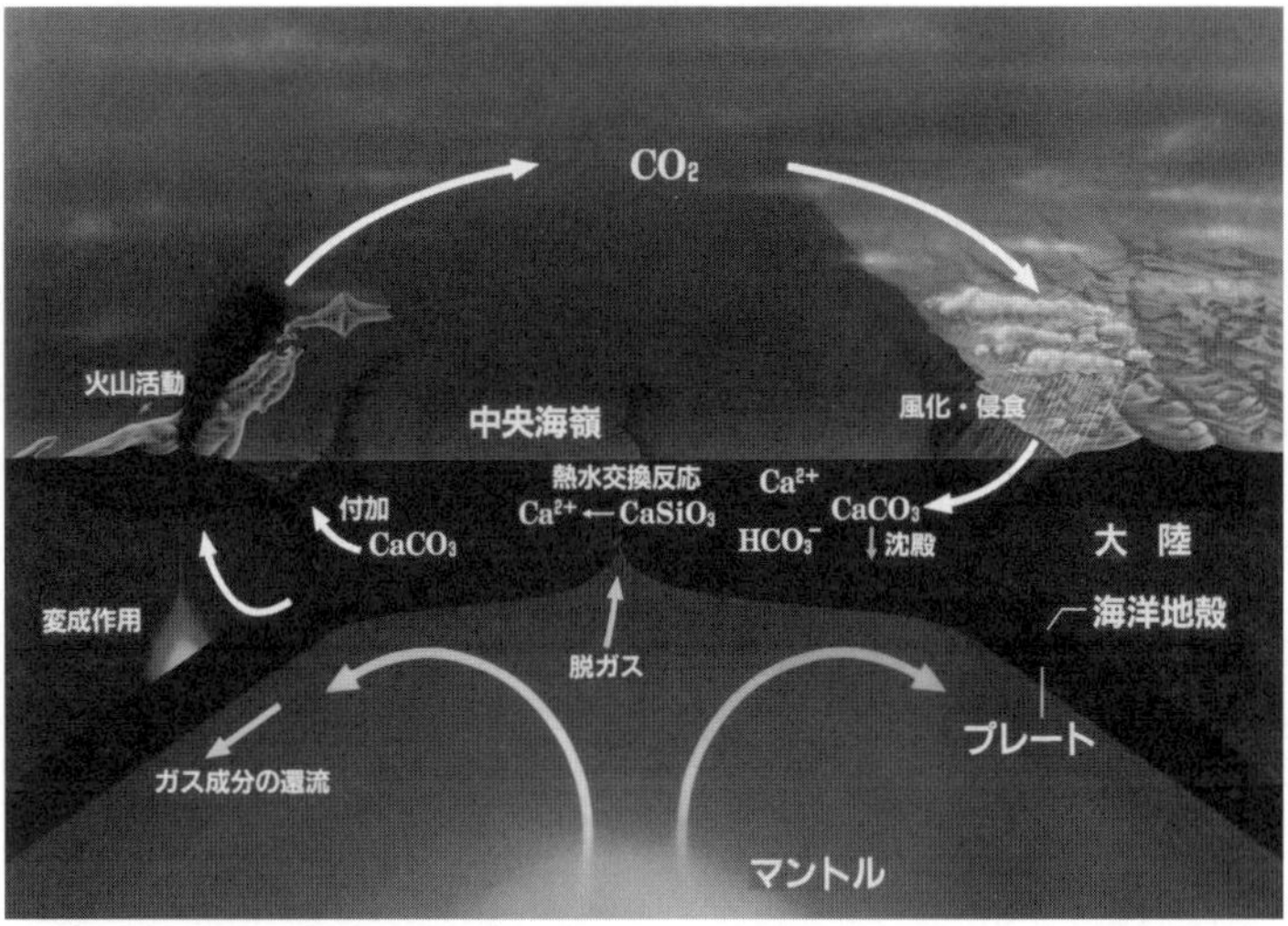

図 5.3　大気中の二酸化炭素濃度が調節される仕組み（口絵 9 参照）（著者提供）

う。そう考えれば、太陽が暗かったとしても地球の表面温度が高かったことの説明がつきます。「なんだ『暗い太陽のパラドックス』の謎は簡単に解けるじゃないか」と思うかもしれませんね。でも、ここでまた新たな疑問が生じるのです。

　太陽は年を経るごとに明るくなり、日射量も増えていきます。もし二酸化炭素の量がずっと変わらないままだとすれば、気温はどんどん上昇したことでしょう。海水は蒸発して水蒸気となり、その結果、生命がすめないほどの高温な環境になったはずです。いったい地球の温暖な気候は、どのように保たれてきたのでしょうか？

　この謎を解くヒントになるのが「炭素の循環」です（図5・3）。二酸化炭素（CO_2）に含まれる「炭素（C）」は、さまざまな物質に形を変えながら「循環」しています。この図は地球表層の炭素の移り変わりを示したものです。

　二酸化炭素は主に火山の活動によって大気中に放出されます。放出された二酸化炭素（CO_2）は大気中に留まらず、雨や地下水などの水に溶けて弱酸性の「炭酸（H_2CO_3）」となって岩石を溶かします。すると岩石からカルシウムが溶け出し、海水中の炭酸イオンと反応して「炭酸カルシウム（$CaCO_3$）」となり沈殿します。このように堆積物として取り込まれた二酸化炭素は、その後分解されて火山活動によってまた大気中に放出されます。

ここで知ってもらいたいのは、図の右側の矢印の「化学風化」の反応の進み具合が「温度」によって変わるということなのです。もし、気温が高くなれば反応が進みやすくなるため、より多くの二酸化炭素が大気中から堆積物に取り込まれます。すると、二酸化炭素が減って温室効果が弱くなるため、温度上昇が抑えられます。もし、気温が低ければ反応は進みにくくなり、二酸化炭素が大気中にたまることで温室効果が強まって、温度低下が抑えられるというわけです。

大気中の二酸化炭素は、このように温度に応じて増えたり減ったりすると考えられています。その結果、極端な温暖化や寒冷化が起こることなく、海が存在できるような温暖な気候が維持されてきたのでしょう。この仕組みは提唱者の名前から「ウォーカーフィードバック」と呼ばれます。

■温暖な気候は微生物によって作られた？

さて、これで暗い太陽のパラドックスは解けたといえるのでしょうか？　ここまでの説明は、初期の地球の大気には二酸化炭素が豊富にあったことを前提としていました。しかし、１９９０年代後半になって過去の二酸化炭素量を推定できるようになると、30億年くらい前の大気に含まれる二酸化炭素は、予想よりずっと少なかったことが明らかになりました。地球の温暖な気候を説明するには、どうやら二酸化炭素に加えて、他の種類の温室効果ガスも考える必要がありそうです。そこで私たちが注目したのが「メタン」です。

温室効果ガスとして働く気体は、二酸化炭素の他にも「フロン」や「メタン」がありま す。このうちメタンは二酸化炭素の20倍以上の温室効果があります。では、30億年も前の地球の大気中にメタンはあったのでしょうか？　この問いを解く鍵を握るのが「メタン菌」です。

「メタン菌」は今から35億年前にはすでに存在していたと考えられている微生物で、有機化合物（有機物）を分解してメタンを発生します。太古の地球でもメタン菌は活動していたことでしょう。ただし、メタン菌がメタンを作るには元となる有機物が必要です。十分な有機物がなければ、温暖な気候が保てるほど大量のメタンは作られなかったでしょう。私たちは、この有機物が当時の生き物によって作られていたと考えています。

「光合成」という言葉を聞いたことがあるでしょう。ちょっと難しくいうと、光合成とは「光のエネルギーを利用して無機物から有機物を合成する反応」のことです。よく知られている光合成は、陸上植物や藻類などが光エネルギーを利用して、二酸化炭素と水から有機物を合成するというものです。まだ陸上植物や藻類がいなかった約30億年前には「光合成細菌」という微生物がいて、水の代わりにさまざまな元素を利用して光合成を行っていたと考えられています。

後で重要になるので少し気に留めておいてほしいのですが、陸上植物や藻類の光合成で

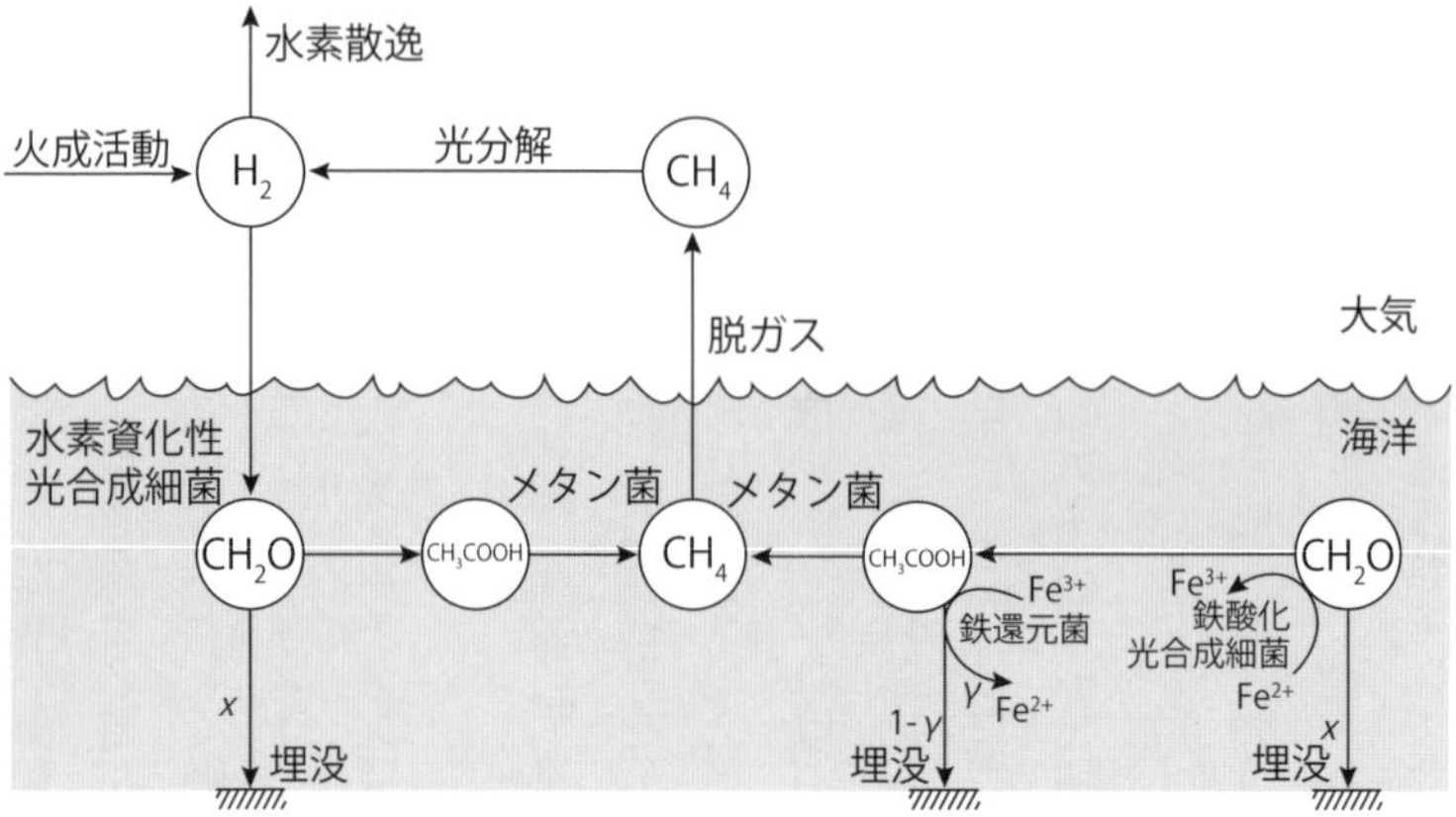

図 5.4　太古代の物質循環には複数の微生物が関わっていた

は水を利用して酸素が作られます。しかし、必ずしも全ての光合成で酸素ができるわけではなく、光合成細菌が行う光合成では酸素が作られることはありません。

図5・4は、40億年から25億年前の「太古代」と呼ばれる時代に、地球の表面で起こっていたと考えられる物質の循環です。太古代の海洋や大気には「水素」や「鉄」が豊富に含まれていました。そのため、これらを利用して有機物を合成する光合成細菌（図中の「水素資化性光合成細菌」「鉄酸化光合成細菌」）がいたと考えています。これらの微生物が作った有機物は最終的にメタン菌によって分解され、大量のメタンが生成されていたでしょう。メタンは大気中で太陽の紫外線によって分解されて水素と二酸化炭素になり、再び光合成に使われます。

「水素と鉄、それぞれを利用する光合成細菌が両方とも必要なのか？」と思った人もいるでしょう。実は先に行われた研究から、水素を利用する光合成細菌だけでは、温暖な気候を保つほど多くのメタンは作られないことが明らかになっています。そこで私たちは、いろいろな種類の光合成細菌がいたと想定して、コンピュータシミュレーションを行いました。

シミュレーションとは、現実を真似た状況をコンピューターで再現し、条件を変えた場合や時間が経ったときに何が起こるのかを調べる方法です。私たちはまず、地球環境に影響を与える要素をいくつか組み込んだモデルを開発しました。そして「水素を利用する光合成細菌」、または「鉄を利用する光合成細菌」がそれぞれ単独にしか存在しない場合に、どんなことが起こるのかをシミュレーションしました。その結果、温暖化に必要なメタンの量は説明できないことが分かりました。ところが、これら二つの異なる細菌が同時に存在したとき、すなわち「共存」した場合について調べてみたところ、温暖化に必要なメタンの量が説明できることが分かりました。

水素を利用する光合成生物と鉄を利用する光合成生物が共存する場合、よりたくさんのメタンが生産されて大気中に放出されます。すると、大気上空で太陽の紫外線によって起こる複雑な反応が組み合わされることによって、メタンの濃度は劇的に増加するのです。太古代においては、生物の活動が関与した物質の循環が起こっていたであろうことが明らかになりました。

以上の結果から、生き物の活動を含めて考えれば「暗い太陽のパラドックス」は解決できる可能性があることが分かりました。太陽は暗かったとしても、地球の温暖な気候が保たれることは可能なのです。

「暗い太陽のパラドックス」を通じて明らかになることは、海が維持される条件だけではありません。この問いは「なぜ地球で生命が栄えたのか」という謎にも迫るものです。「ハビタブルゾーン（生命が生存可能な領域）」にある地球が、実際に「生命が栄える星」になるまでには、私たちの想像を絶するような出来事がいくつもありました。次の章からは、生命の進化に拍車をかけた地球の大イベントについてご紹介しましょう。

■地球が丸ごと凍っていた？「スノーボールアース仮説」

以前、多くの研究者が信じていたのは、「地球の環境は誕生して以来ずっと温暖で、地球全体が凍ったことは一度もなかった」というものでした。ところが、地球が丸ごと凍った時代があったことを示す証拠が見つかったのです。

過去の氷河時代の証拠は「氷河堆積物」として現在の地層に残されていて、ほとんどの大陸から原生代の氷河堆積物が見つかっています。ただし、これらの堆積物が現在の場所で作られたものとは限りません。大陸は常に移動しているからです。

地球の表面は「プレート」と呼ばれる十数枚の固い岩盤で覆われています。プレートは地球内部の「マントル」の流れに乗って絶え間なく動いているため、過去と現在とでは大陸の位置や形は大きく異なります。

それでは、どうして大陸の位置や形が変わったことが分かるのでしょうか？　地球は大きな磁石に例えることができ、地球が示す磁気や磁場を「地磁気」といいます。地磁気は場所によって異なりますが、例えば海底の岩石などは過去の地磁気を記録していることがあります。古い時代の地磁気の記録を調べれば、その岩石が地球のどこでできたのかを知ることができるのです。

南オーストラリアの氷河堆積物の地磁気を調べたところ、その堆積物ができた原生代の終わり頃には、大陸を覆う氷河が「赤道直下」にあったことが分かりました。これが本当ならば、原生代の終わり頃には赤道、すなわち緯度の低い場所に氷河があったことになります。これを「低緯度氷床」といいます。しかし、現在の地球からも分かるように、氷河は寒冷な高緯度でできるのが普通です。赤道に近かった場所で氷河堆積物が見つかるとは、いったいどういうことでしょうか？　ちょっと推理してみてください。

低緯度氷床の謎に取り組んだ研究者の一人である、ジョセフ・カーシュビング博士が出した答えは、実に大胆なものでした。博士は「地球全部が凍っていた」と考えたのです。博士はこの考えを発展させて、「スノーボールアース仮説」を提唱しました。

確かに、当時の地球が丸ごと凍っていたとすれば、赤道付近に氷河があったとしても不思議はありません。でも、地球全体が氷で覆われていたと聞いても、にわかには信じられませんよね。

ところが、そう考えることで説明がつくこともあるのです。アフリカのナミビア共和国にある「キャップカーボネート」と呼ばれる地層は、氷河堆積物にフタをする（キャップ）ように炭酸塩岩（カーボネート）の層が積み重なっています。氷河堆積物は寒冷な気候で作られま

図 5.5　キャップカーボネートはスノーボールアース仮説で説明ができる（提供：清川昌一博士）

すが、炭酸塩岩は熱帯や亜熱帯で作られる堆積物です。ナイフで切り取られたようにくっきりと分かれた二つの地層の境界は、この時期に急激に気候が変わったことを示しますが、その理由は分からず、キャップカーボネートは謎の存在でした。

しかし、もし地球全体が凍っていたとすると説明がつきます。全球凍結は、火山活動によって大量の二酸化炭素が大気中に蓄積し、その温室効果によって氷が解けて終わりますが、終わった直後も二酸化炭素の温室効果のため、地球全体が熱帯のような高温になるはずです。すると地表面は激しく風化され、海水中で炭酸塩が大量に沈殿します。全球凍結直後に起こった急激な気候の変化でキャップカーボネートができたと考えれば、この不思議な地層を説明することができるのです。この他にも、スノーボール仮説によっていろいろな地質学的特徴が説明できることが分かり、この説は受け入れられるようになりました。

地球がなぜ全球凍結したのかについてはいろいろな説がありますが、よく分かっていません。地質学的な証拠が限られているため、どれが本当に正しい説なのかを明らかにすることが難しいのです。しかし、大気の温室効果の低下が直接の原因であることは間違いありません。

今地球に住んでいる私たちからすれば、「スノーボールアース仮説」は空想の中の出来事のように思えます。しかし、もし地球全体が凍結しなかったとしたら、今の地球の姿になっていたかは分かりません。なぜなら、全球凍結したことが結果的に生き物の繁栄を招いた可能性があるからです。最後に、これを示唆する研究をご紹介しましょう。

■全球凍結が引き金となった「大酸化イベント」

ヒトを含めて動物など多くの生き物が「酸素呼吸」をしますが、これは大気中にたくさんの「酸素」が含まれている地球にすんでいるからこそできることです。酸素は地球の大気の約21パーセントを占める主成分ですが、このような惑星は他にはありません。酸素は地球の大気に最初から含まれていたわけではなく、今から約24・5億年から20億年前の原生代前期に急激に増えたとみられています。これを「大酸化イベント」といいます。約6億年前の原生代後期にも、二度目の酸化イベントが生じたとされています。

不思議なことに「大酸化イベント」と「全球凍結」の時期は重なります。全球凍結は原生代前期に1回、後期に2回起こったと考えられています。そのうちの一つ、原生代前期に生じた全球凍結の跡が、南アフリカ共和国で見つかっています。この層のすぐ上にはマンガンの鉱床があります。埋蔵量、産出量ともに世界最大にして、地球史上最初のマンガン鉱床です。マンガンは酸素のない環境では水に溶ける性質があるので、太古代には海水中に大量に溶けていたと考えられています。マンガンが酸化するには「酸素」が必要で、酸化したマンガンは沈澱します。氷河堆積物のすぐ上にあるこの大規模なマンガン鉱床は、海中に蓄積していたマンガンが、全球凍結直後に酸素によって急激に酸化、沈殿したことを示すと考えられています。

同様のことは、私たちの調査によってカナダからも見つかっていて、地球全体で起こった出来事だろうと考えられます。しかし「全球凍結」と「大酸化イベント」との間にどのような関係があるのかについては、詳しく分かっていませんでした。そこで私たちは、全

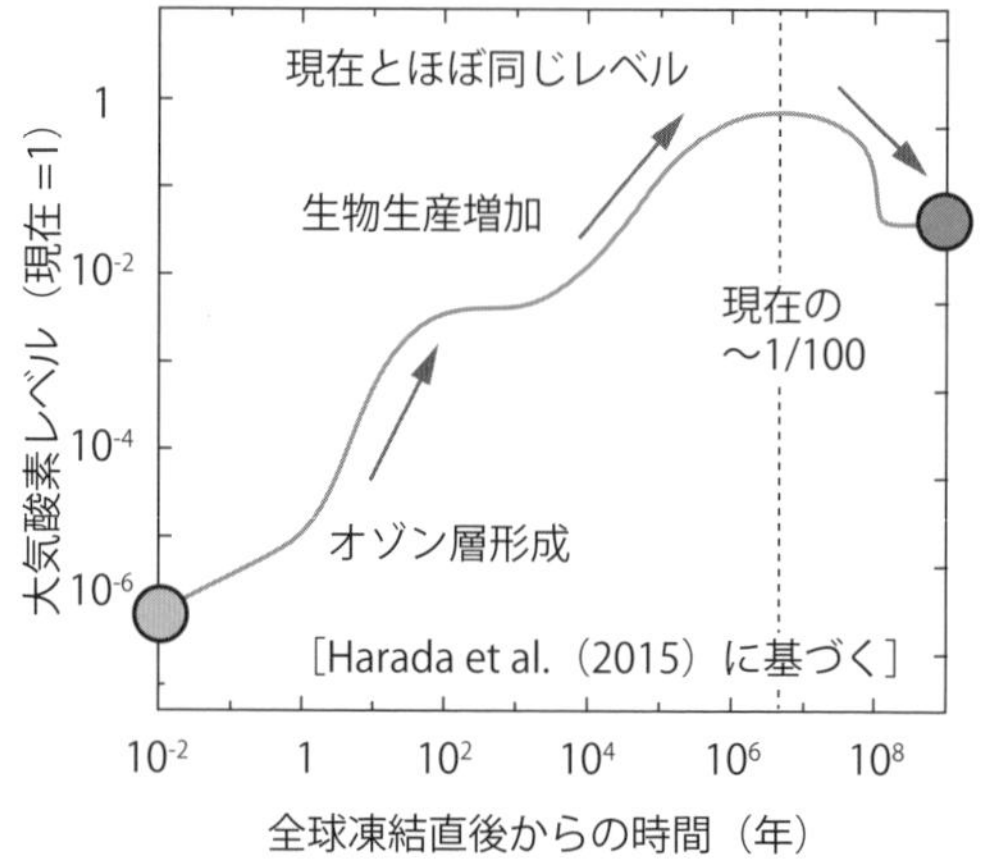

図 5.6　シアノバクテリアの急激な増加により酸素濃度が急上昇した

球凍結直後にどのようなことが起こるかを数値シミュレーションによって調べることにしました。

私たちが描いたシナリオは、以下のようなものです。全球凍結が終わった直後の地球は気温が高く、「ウォーカーフィードバック」のところで説明したように、地表の岩石を溶かす反応が進みます。カルシウムもたくさん供給されるため、二酸化炭素は炭酸塩として海底に大量に沈殿したことでしょう。

その一方で、地表の岩石からは「リン」も大量に海に溶け出ます。リンは生き物には欠かせない栄養素の一つで、リンが豊富な海では生き物が大繁殖します。栄養豊富な海で増えたのが「シアノバクテリア」です。シアノバクテリアは、光合成で酸素を作るようになった、最初の生き物です。シミュレーションを行った結果、栄養豊富な海でシアノバクテリアが大繁殖して、全球凍結直後に膨大な量の酸素が放出され、大気中の酸素濃度が急上昇することが確認できました。

急激な酸素濃度の上昇が地球環境に与えた影響は計り知れません。それまで酸素のない環境で生きていた生物にとって酸素は「毒」でしかなく、絶滅に追い込まれたものもたくさんいたでしょう。代わりに「たまたま」酸素を利用することができた生き物たちは、ものすごい勢いで増えていったはずです。彼らの繁栄が今の私たちにつながっているのです。もし、大酸化イベントが酸素濃度の上昇をうながしたのだとすれば、地球の歴史において全球凍結が果たした役割はきわめて大きいと考えられます。全球凍結がなければ、大酸化イベントも起こらなかったかもしれません。そして大酸化イベントがなければ、複雑で多様に進化した生命が繁栄する現在の地球になっていたかどうかも分からないのです。

最初にも書いたように、地球は「ハビタブルゾーン」にあります。しかし、それだけで生命が栄える星になるというわけではありません。現在の地球の姿は、気が遠くなるほど長い時間の中でたくさんの要素が重なり合ってできた結果なのだと考えると、普段から目にしている風景も全く違うものに見えてくるのではないでしょうか。

■過去、現在、未来

私たちは今ある環境が以前からずっと続いていて、これからも長く続くように思いがちです。しかし、これまでご紹介したように、地球は私たちの想像をはるかに超えるような変化を繰り返してきました。また同様に、この先地球にどんなことが起こったとしても不思議ではありません。

地球温暖化が議論されるようになって久しいですが、これから起こることを予測するのは簡単なことではありません。過去の地球に何が起こり、どう変わってきたのかを知ることは、現在の地球に起こっていることを理解し、さらにこれからの地球の未来を考える上で、たくさんのヒントをくれるはずです。どうして地球に生命が生まれ、生命が栄える星になったのかを理解する鍵でもあります。そして、地球を深く理解することこそが、この宇宙において生命が存在できる惑星の条件を明らかにすることにもつながるはずです。

質問コーナー

・「海」に関心を持ったきっかけは何ですか?

中学生、高校生のときは宇宙が大好きで、毎晩、星を眺めていました。海に関心を持ったのは地球惑星科学の研究を始めたことがきっかけです。海についての勉強を始めてから、いろいろなことを知れば知るほど面白くなりました。

・研究していて楽しいと感じるのはどんなときですか?

アイデアを練っているときです。分からないことをあれこれ考えているときが最も楽しいです。

・中学生・高校生に向けたメッセージをお願いします。

中学や高校で習う科目で無駄なことは一つもないと思います。どの科目のどの内容もいずれ必ず役に立つときがきます。自分もそうでしたが、中高生時代に感じたことや関心をもったことは、将来につながることが多いものです。自分はどんなことに関心があるのかを、この時期にしっかり見極めるのがよいと思います。

さらに詳しく知りたい方へ

●書名：**凍った地球―スノーボールアースと生命進化の物語**
著者：田近英一
出版社：新潮社
出版年：２００９年

●書名：**46億年の地球（知的生きかた文庫　ビジュアル版）**
著者：田近英一
出版社：三笠書房
出版年：２０１９年

●書名：**地球環境46億年の大変動史**
著者：田近英一
出版社：化学同人
出版年：２０２１年

COLUMN ⑤

地球の未来年表を描こう
——「人新世」の時代の知・想像力・コミュニケーション

東京大学大学院教育学研究科附属海洋教育センター
梶川　萌

自然と人間の関係とはどのようなものなのでしょう？この問いは、時代や分野によって異なるかたちで問われてきました。たとえば１９６０年代以降、「自然破壊」「環境破壊」が問題になりました。開発や有害物質の排出による大気・水質・土壌の汚染などが進み、「公害」も注目されました。『風の谷のナウシカ』（１９８４年公開、宮崎駿監督）や、最近では『天気の子』（２０１９年公開、新海誠監督）といった映画作品にも、人間と自然とのつながりを人がどう理解し、どのような態度で行動を選択するのかが、テーマに含まれていますよね。

たしかに、人間は自然を開発し有用なように改変する力（技術）を持っています。開発が行き過ぎれば修復する責任を負わなければなりません。でも、そもそも人間は自然を思うままにしていいのでしょうか？ それは可能なのでしょうか？ 実は、人間は自然をコントロールできる／しなければいけないという考え方は、いま根本から問い直されています。そのきっかけとなった地質学の議論を見てみましょう。

２００２年、世界的な科学雑誌『ネイチャー（Nature）』に「人類の地質」という記事が掲載されました[1]。著者のパウル・クルッツェンは著名な化学者で、オゾン層についての研究で知られています。この記事でクルッツェンが提起したのは、「現在の地質時代は完新世を脱して人新世（Anthropocene）として捉えられるべきだ」ということでした。というのも、地球環境への人間の影響が著しく増大したことで二酸化炭素やメタンといった「温室効果ガス」の濃度が上昇し、ひいては気候が大きく変化している可能性があるためです。

もちろん人類の活動が地球環境にもたらす影響を認識したのは彼が初めてではありませんでした。それでもクルッツェンの問題提起をきっかけに、地質学者のコミュニティは「新しい地質年代をどう考えるのか」という問いに取り組むことになりました。論点はいくつもあり、現在も議論は途上です。とりわけ大きな論点は「人新世はいつから始まったのか」という問いでした。

クルッツェンは先の記事で、人新世の始まりを仮に18世紀後半におきました。大気中の「温室効果ガス」の濃度が上昇したことを根拠とした提案です。その後、地層にCO_2排出量が顕著に減少した痕跡があることに基づいて、

１６１０年が適当だという仮説も出されました。[2]　15世紀末にヨーロッパ人がカリブ海へ進出して以降、アメリカ大陸では感染症の流行や戦争などが起こり、それよって人口が大幅に減少するとともに火を使う農業のような人間活動の規模が縮小した結果、CO_2 排出量が低下し植生が回復したと考えられています。また１９４５年以降に核兵器使用と核実験が繰り返されたことで、堆積物の中に放射性物質を含む層が存在することにも注目が集まりました。[2,3]

地質年代を決定するプロセスは厳密なもので、物質的な証拠が重視されます。現在では１９５０年代を「人新世」の始まりとみなす説が有力ですが、「人新世」が厳密な決定プロセスに耐えるものなのかどうかも、地質学者たちの間で議論が継続されています。

地球と人間活動を考えることに参加しよう

自然と人間の関係は、あなたの目にはどのように見えてきたでしょう？　自然を人間が思うままに利用し、修復できるという考え方は、すでに自明なものではありません。むしろ、人間は自分たちにとって「生きるための条件」であるはずの地球システムを、自らの手で回復不可能なまでに掘り崩してしまったのかもしれないと懸念されています。[4]

人間と自然の関係を問い直すことは、私たちの生活にかかわる実際的な課題でもあります。ここではその課題への一歩として、地球と人間の活動とのかかわりを考えることに参加してみましょう。

次のページには２１００年までの未来を書き込むスペースがあります。地球環境への働きかけとしてすでに取り組まれていること、これから取り組まれるべきことなど、あなたの知識と想像力で書き込んでみましょう。国際社会ではどのような取り組みを進めているでしょうか？そして、あなたの街では？　市民にできることや、企業や研究機関の取り組みはあるでしょうか？　そして、人間の活動と並行して、地球にはどのような変化が起こるのでしょう？

未来年表を作る鍵は知識と想像力だけではありません。コミュニケーションもまた、大切な鍵。他の人がどのような知識を持ち、どのような想像力で未来を描いているのか、ぜひ聞いてみてください。

参考文献

1) Crutzen, P. "Geology of mankind". *Nature* 415, 23 (2002).
2) Lewis, S., Maslin, M. "Defining the Anthropocene". *Nature* 519, 171-180 (2015).
3) Monastersky, R. "Anthropocene: The human age". *Nature* 519, 144-147 (2015).
4) 篠原雅武『人新世の哲学――思弁的実在論以降の「人間の条件」』人文書院、２０１８年。

COLUMN ⑤

未来の年表を描こう——地球環境と人類は、これからどうなっていく？

20XX 年の現在を起点に、未来に起こるであろうことを書き込もう。書き込めたら、何か気づくことがあるか考えよう。

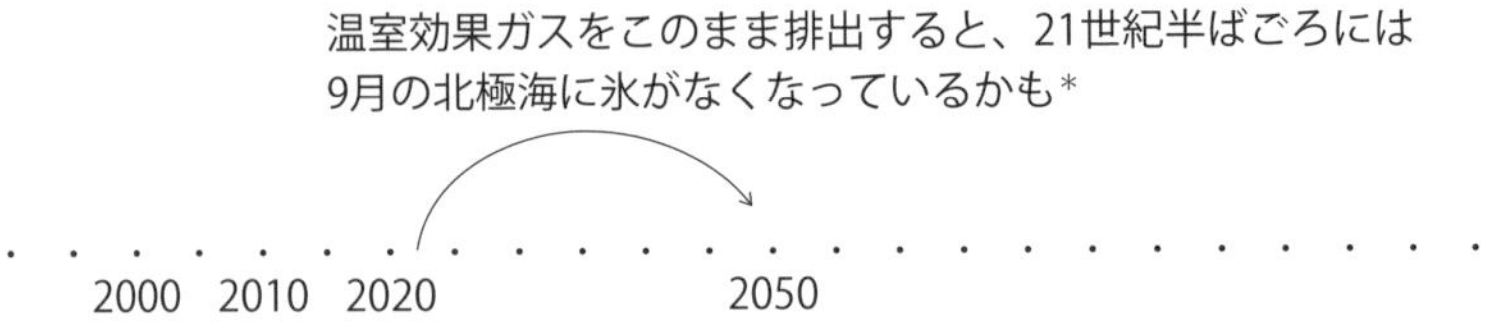
温室効果ガスをこのまま排出すると、21世紀半ばごろには
9月の北極海に氷がなくなっているかも*
2000
2010
2020
2050

[*IPCC, 2021: Summary for Policymakers. In: *Climate Change 2021: The Physical Science Basis. Contribution of Working Group I to the Sixth Assessment Report of the Intergovernmental Panel on Climate Change* [Masson-Delmotte, V., P. Zhai, A. Pirani, S.L. Connors, C. Péan, S. Berger, N. Caud, Y. Chen, L. Goldfarb, M.I. Gomis, M. Huang, K. Leitzell, E. Lonnoy, J.B.R. Matthews, T.K. Maycock, T. Waterfield, O. Yelekçi, R. Yu and B. Zhou (eds.)]. Cambridge University Press.]

#06 さまざまな人と関わる学問、それがサンゴ礁学

東京大学大学院理学系研究科　地球惑星科学専攻
茅根　創
取材・構成　大谷有史

私は大学生の時にサンゴ礁に興味を持って、もう40年近くサンゴ礁を研究しています。サンゴの生態やサンゴ礁の生態系を科学的に調査しているのだな、と思った方がいるかもしれませんが、実はそれだけにとどまらないのがサンゴ礁学です。

サンゴ礁は地球温暖化によるサンゴの白化、二酸化炭素濃度上昇に伴う海洋酸性化による石灰化抑制、海面上昇による島の水没など地球温暖化シナリオの全ての要因によって重大な影響を受けています(図6・1)。サンゴ礁を研究するということは、これらの問題と向き合うことなのです。

さらに、この研究は地球科学・海洋科学だけでなく、生態学、人類学、考古学、民俗学、経済学、工学などのさまざまな分野の専門家が分野を超えて協力して進めていく必要があります。時には、その地域に住んでいる人と一緒に調査を進めることもあります。実際に私もたくさんの分野の専門家や地元の方々と協力して研究を進めてきました。

■サンゴはどんな生き物か?

サンゴ礁を作り出しているのは造礁サンゴという生き物です。サンゴは、太陽の光が届

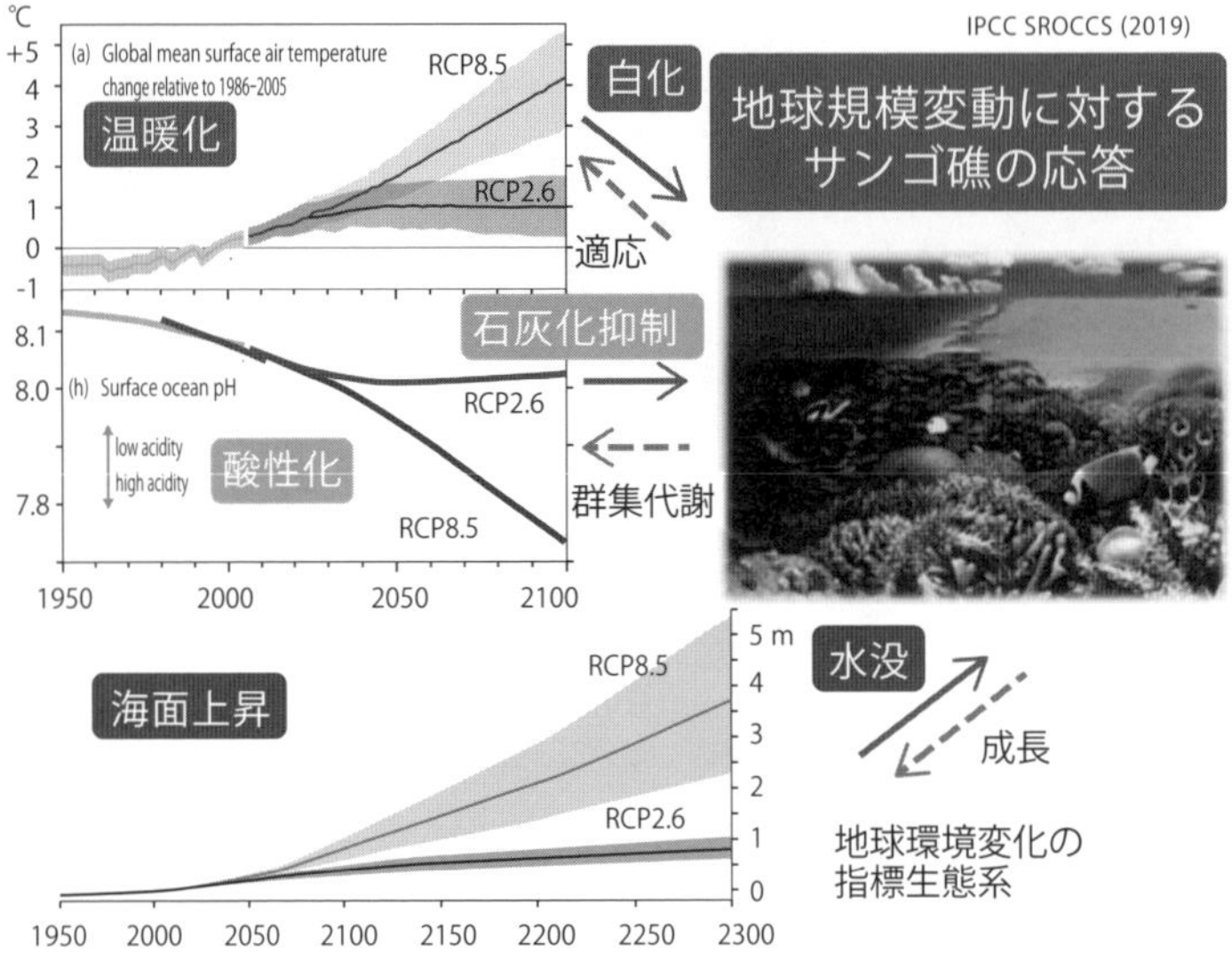

図 6.1　きれいなサンゴ礁は豊かな生態系を育んでいるだけではなく、地球温暖化に関するさまざまな現象と密接に関係しています。（口絵 10 参照）

く比較的浅い海にすんでいます。その理由は、体内に褐虫藻という光合成をする藻類を共生させているからです。海底にじっとしていて自分で動いているようには見えないし、樹木のような形のものもあるので植物のようにも見えます。事実、博物学者たちは18世紀頃まで植物だと考えていたようです。

しかし、サンゴはイソギンチャクやクラゲと同じ「刺胞動物」というグループに属する「動物」で、口が一つだけ開いた袋状の体をしています。口が下を向いたものはクラゲで、海を漂うクラゲはこれに分類されます。一方で、サンゴのように口が上を向いたものはポリプに分類されます。

サンゴを含む刺胞動物は、口の周りに触手があります。触手には、刺胞と呼ばれる毒針の入ったカプセルがあり、サンゴは触手を使って捕らえたプランクトンなどを食べています。それだけではなく、共生藻が光合成で作った有機物の一部をエネルギーとして利用しています。使い切れなかった分は、粘液などの形で体外に出しています。これがサンゴ礁とその周りにすむたくさんの生物の餌となり、食物連鎖を支えています。

サンゴのポリプ一個体は大きくても数ミリメートルですが、実際に我々が目にするサンゴはもっと大きい群体と呼ばれるものです。サンゴは、ポリプの下に石灰質(炭酸カルシウム)の骨格を作りながら、分裂して無性生殖を繰り返して成長します。最終的には数百~数千、数万もの個体がつながって一つの群体を作ります。そして、群体は数年かけて成熟して、精子や卵を作るようになります。つまり、無性生殖だけでなく、有性生殖もするようになるのです。

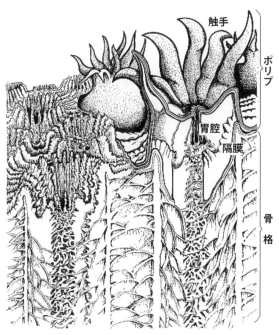

図 6.2　サンゴは一つひとつ石灰質の殻の上にすんでいて体内には共生藻を持っています。プランクトンを取るための毒針は、触手の中にコンパクトに収納されています。

図 6.3　有孔虫の殻。日本では星砂と呼ばれることもあります。

■サンゴとサンゴ礁は何が違うか？

サンゴというのは、小さなポリプの一つひとつ、あるいは群体の一つひとつを指します。そして、サンゴでできた地形のことをサンゴ礁といいます。サンゴの骨格が長い年月をかけて積み重なり、天然の防波堤のようになる地形のことです。

サンゴの骨格はサンゴ礁の頑丈な骨組みとなります。それに加えて、石灰質の殻を持つ星砂のような有孔虫の殻や、貝殻、体に石灰を沈着させる石灰藻という藻類がサンゴの骨格でできた骨組みの上に大量に打ち上げられて、砂浜になり陸地ができます。

そうしてできたサンゴ礁は、大きく分けて三つの種類があります。

・裾礁（きょしょう）：島や陸地に接していて、その周囲を取り囲むように発達したもの。

（例）沖縄の海やフランス領ポリネシアのモーレア島

・堡礁（ほしょう）：陸地から離れたところに、陸地を取り囲むように発達したもの。堡礁に囲まれた海のことを、ラグーン（礁湖）といいます。

（例）オーストラリアのグレートバリアリーフやフランス領ポリネシアのボラボラ島

・環礁（かんしょう）：上から見るとサンゴ礁がリングのような形をしているもの。サンゴ礁の内側はラグーンで陸地はありません。

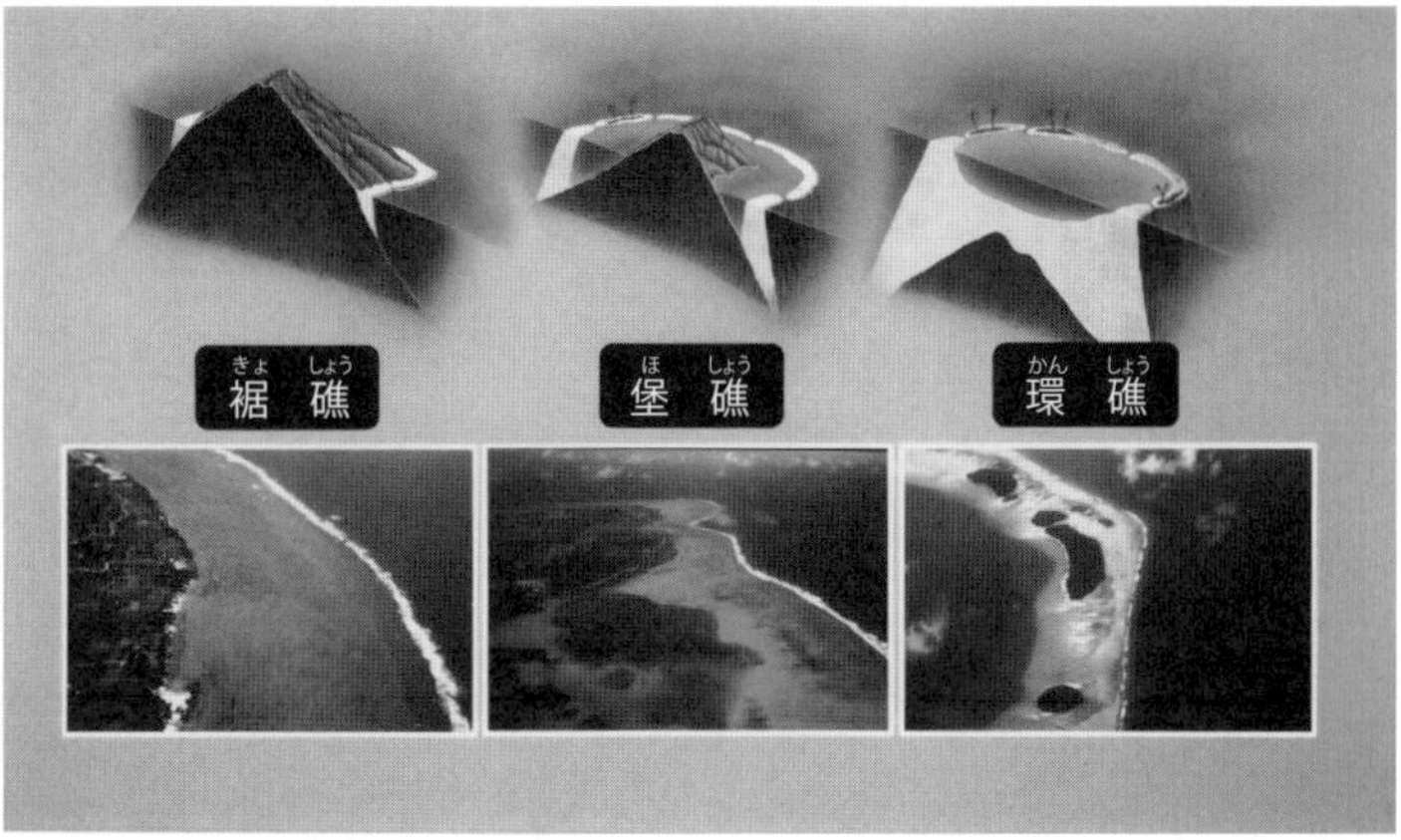

図 6.4　サンゴ礁のタイプ。環礁にはサンゴ礫や有孔虫の殻が打ち上げられた標高 1〜4 メートルの島もあります。

（例）ニュージーランド領アタフ島やツバル

特に環礁では、サンゴ礁の上にサンゴの遺骸（サンゴ礫）や有孔虫の殻が打ち上げられてできた島に人が住んでいることもあります。そのため、サンゴ礁の問題はそこに住む人々の生活に直結する問題でもあるのです。

■サンゴの白化と回復

ここまでサンゴやサンゴ礁について紹介してきましたが、やはりその美しさは言葉で表現し尽くせません。しかし、近年、その美しさが失われかねない白化の危機に見舞われています。

サンゴは高水温が続くなどのストレスを受け続けると、体内から共生藻が抜け出して白くなります。これはサンゴの白化と呼ばれる現象です。

白くなる理由は、サンゴの体の色です。私たちがサンゴの色だと思って見ているのは、実はサンゴの体にすむ共生藻の色で、サンゴ自体は無色透明なのです。そのため、共生藻が抜け出すと石灰質骨格の白い色が透けて見えるのです。

白化するとサンゴは共生藻からエネルギーのもとになる有機物を受け取れなくなりますが、自分でプランクトンを食べるので、白化後すぐに死ぬわけではありません。しかし、エネルギーのほとんどを共生藻からの有機物に頼っているため、やがて死んでしまいます。

サンゴの白化現象は、昔からさまざまな海域でちらほらと報告されていました。しかし、1997年から1998年にかけて、初めて世界中の海で同時期に確認・報告されました。その後も、世界的に大規模な白化が2007年と2016年に報告されています。

これらの白化が起こった原因は、海水温が上昇して白化が起こり始める水温を超えたからです。

白化したサンゴ礁は、どのように変化していくのか？ それを調べるために、私たちは、石垣島の白保で大規模な白化が起こった1998年から2012年まで、継続して同じ地点のサンゴ礁を調査しました。

その結果、1998年にほとんどのサンゴが死滅しましたが、2003年頃までサンゴ被度（サンゴが育つことができる海底面を生存サンゴが覆っている割合）が徐々に増えて回復が進んでいる様子が見られました。さらに、その後の観察結果を合わせて考えると、サンゴは白化と回復のサイクルを繰り返しているであろうことが分かりました。

ただ、100パーセント回復しているわけではありません。実際のサンゴ被度は、最初に調査をした頃の3分の2程度まで低下し、サンゴの多様性も減少しています。かつて非常に美しかった白保のサンゴ礁は、現在はホンダワラなどの褐藻類が繁茂し、サンゴの種類もわずかです。

また、サンゴが白化から回復する程度は種によって異なります。高水温に対する耐性が高く白化しにくい種があったり、白化しても長期間耐えて再び体内に共生藻を取り戻す種や、白化して死にやすいけれど生き残った群体の成長が早い種などがあったりするからです。

白保の場合は、高水温に対する耐性が非常に強いアオサンゴとユビエダハマサンゴだけが生き残っていました。

■水温上昇は白化のきざし

これまでに紹介したように、サンゴを白化させるストレスの一つは海水温の上昇です。白化が起きるかどうかは、海水温の値を使ってちょっとした計算をすれば調べることができます。その具体的な計算方法は、次の通りです。

① 調査対象とする海域の1週間ごとの平均海水温を、サンゴが白化する可能性を知りたい時期からさかのぼって12週間分調べます。

② 週ごとの平均海水温について、最も海水温が高い月の平均海水温を超えた場合は、その差を計算します。

③ 温度差が1℃以上あった週だけ、海水温の差の値を足していきます。

サンゴの白化の指標になるこの計算値は、ＤＨＷ（Degree Heating Weeks）といいます。この計算値が４℃‐週を超えると白化が起こり始め、さらに８℃‐週を超えると大規模な白化が起こることが知られています。1997年から2019年のDHWを調べると、1998年と2016年の大規模白化のときには8℃‐週を超えていました。2007年の大規模白化のときはDHWが8℃‐週ではありませんでしたが、高水温といえる水温でした。特に近年は高水温がより頻繁に確認されています。石垣島の8月の水温は29・2℃ですので、30・2℃の水温が4週間続くと白化が始まり、30・2℃が8週間または31・2℃が4週間続くと大規模な白化が起こることになります。

■海洋酸性化がさらにサンゴを追い詰める

サンゴに迫る危機は、海水温の上昇だけではありません。大気中に二酸化炭素が増えて温暖化が進んでいくと、海洋酸性化という現象が進みます。もともとアルカリ性の海水が、通常よりも酸性に傾いて中性に近づいていくのです。

海洋酸性化が進むとサンゴは成長を止めてしまう可能性があります。なぜなら、サンゴの骨格を作れなくなるからです。

サンゴの骨格は炭酸カルシウムでできています。これは、海水中の炭酸イオンとカルシウムイオンを使って作られます。

炭酸イオンは大気中の二酸化炭素が海水に溶け込んで発生します。まず、水と二酸化炭素が反応して炭酸水素イオンが発生し、さらに水と反応して炭酸イオンができます。これが、海水中のカルシウムイオンと反応して炭酸カルシウムが作られています（図6・5）。

大気中の二酸化炭素が増えると結果的に炭酸イオンが減って、サンゴは炭酸カルシウム

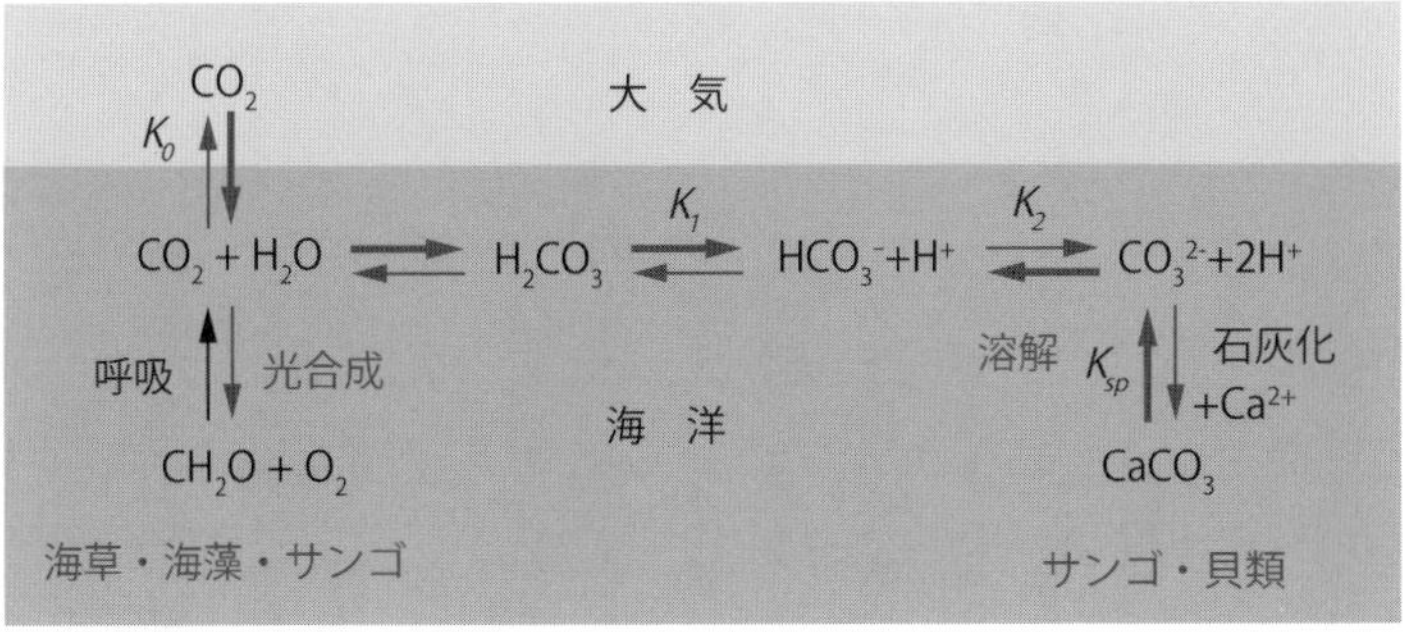

測定可能な量	pH	$[H^+]$
	pCO$_2$	$[CO_2]$
	全炭酸	$[CO_2]+[HCO_3^-]+[CO_3^{2-}]$
	アルカリ度	$[HCO_3^-]+2[CO_3^{2-}]$（炭酸アルカリ度）

図 6.5　大気と海洋中の二酸化炭素についてのイラスト
海水中に二酸化炭素が溶け込むと H_2CO_3 という形となります。これは HCO_3^-（炭酸水素イオン）と H^+ になり（K_1）、HCO_3^- の一部は CO_3^{2-}（炭酸イオン）と H^+ になります（K_2）。海水中の CO_2 濃度が高くなったら HCO_3^- と H^+ になる反応が進んで H^+ が増えます。このとき増えた H^+ を中和するように海水中の CO_3^{2-} と反応して HCO_3^- を増やす方向に反応が進みますが、全て消費されず全体としては H^+ が増えて海洋酸性化が進むのです（図の太い矢印）。このような反応が起こった結果、石灰化の原料である CO_3^{2-} が減って、サンゴの成長が抑制されます。

を作りにくくなり、成長が遅くなったり白化後の回復が遅れたり、生息できなくなったりする可能性が高くなります。

白化や海洋酸性化によるサンゴの死滅を防ぐためには、地球温暖化を止めることが重要です。けれど、私たちの活動の影響をゼロにすることはできません。だから、できるだけ緩やかな気候変動となるよう国連気候変動に関する政府間パネル（ＩＰＣＣ）という組織が提案するＲＣＰ２・６のシナリオを目指すことが重要です。このシナリオでは、18～19世紀の産業革命前から21世紀末までの気温上昇を２℃程度に抑えることによって、比較的緩やかな気候変動を達成できます。

その他にもできることがあります。それは高い水温に耐えられるサンゴを増やしていくことや、海洋酸性化を緩和する方法を考えることです。

■高水温でも元気なサンゴを殖やす

白化の様子を観察すると、隣り合ったサンゴ群体の一方は白化しているのにすぐ隣にあるもう一方の群体はまったく白化していないという光景を目にすることがあります。同じ種のサンゴでも、より高い水温に対して耐性を持つサンゴが生き残っているのです。このように高温耐性を持つサンゴの子孫を殖やしていくことで、少々水温が上がっても白化を抑えることができそうです。

例えば、久米島の水産土木建設技術センター・サンゴ増殖研究所と沖縄県の恩納村漁業協同組合では、サンゴの修復プロジェクトが進められているところです。

久米島では水産庁や沖縄県の事業を通じて、有性生殖による修復をしています。親サンゴが産卵した卵から幼生を育てて種苗を生産し、ある程度の大きさまで成長したら劣化したサンゴ礁に植え付けるやり方です。

一方、恩納村では1998年からサンゴ養殖と植え付けによるサンゴ礁の修復をしています。親サンゴから断片を切り取って苗を作り、ある程度の大きさまで育てたのちに劣化したサンゴ礁に植え付けるやり方です。親サンゴだけでなく、植え付けた成熟したサンゴも成熟して毎年自然産卵を行っています。2013年からは、有性生殖の取組みも始めました。

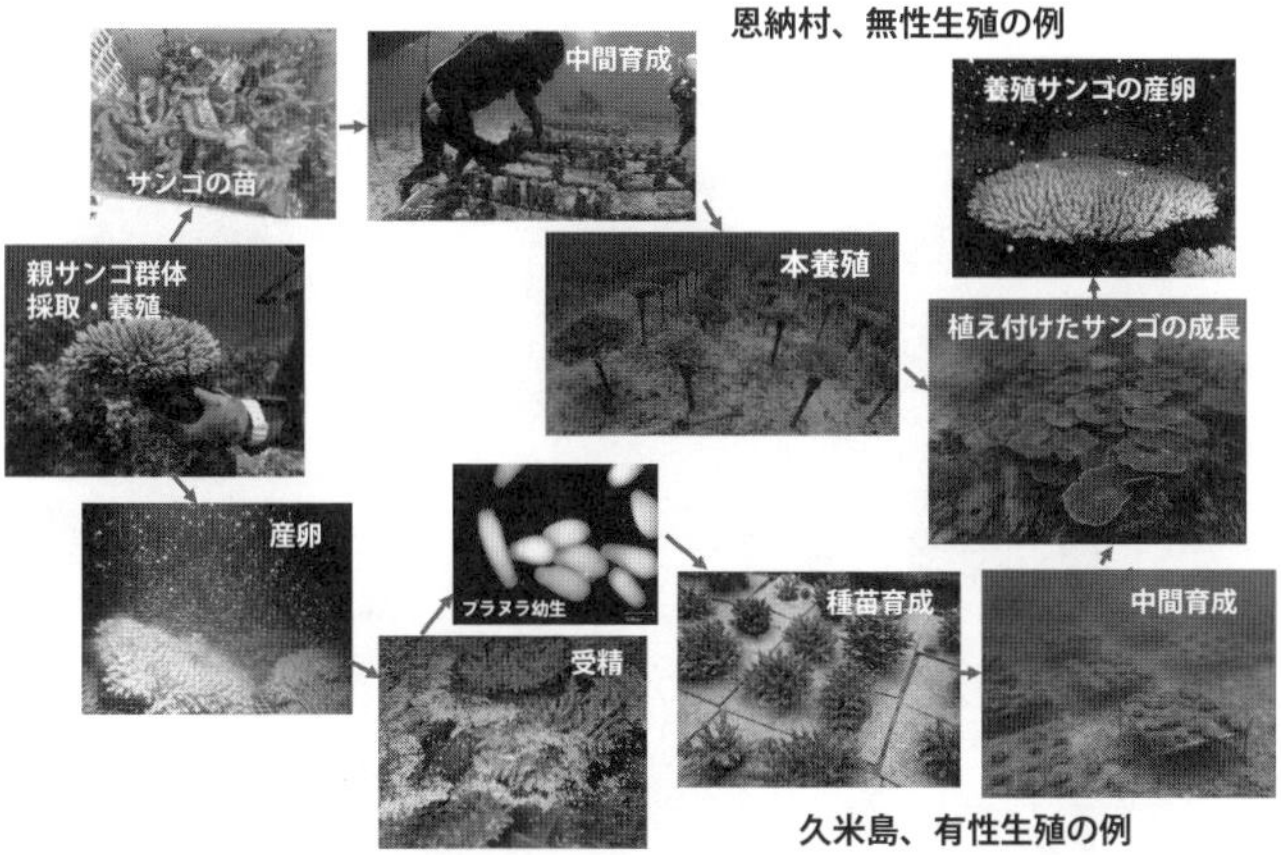

図 6.6　恩納村と久米島のサンゴ養殖の例（口絵 11 参照）
（写真提供：恩納村漁業協同組合、水産庁）

私はこれらのプロジェクトを通して、それぞれの方法のメリットとデメリットを明らかにし、修復したサンゴの高水温耐性を評価したいと考えています。

■サンゴ礁の光合成と石灰化

海洋酸性化は、海水中の二酸化炭素の濃度が高くなるにつれて進んでいきます。私は、石垣島白保のサンゴ礁でどんなことが起こっているのか、さまざまな分野の専門家たちと調査しました。

鍵となる二酸化炭素濃度を1年間にわたって測定し続けました。その結果、日中は濃度が低く夜間は高いことが分かりました。太陽が出ている時は光合成で二酸化炭素を消費し、太陽が沈むと光合成できないので呼吸による二酸化炭素の排出だけが繰り返されるからです。

一方で、サンゴは炭酸カルシウムの骨格を作るときに二酸化炭素を放出していますが、これは光合成とは逆の現象です。そのため、サンゴは二酸化炭素の放出源で海洋酸性化の原因になるのではないか、という議

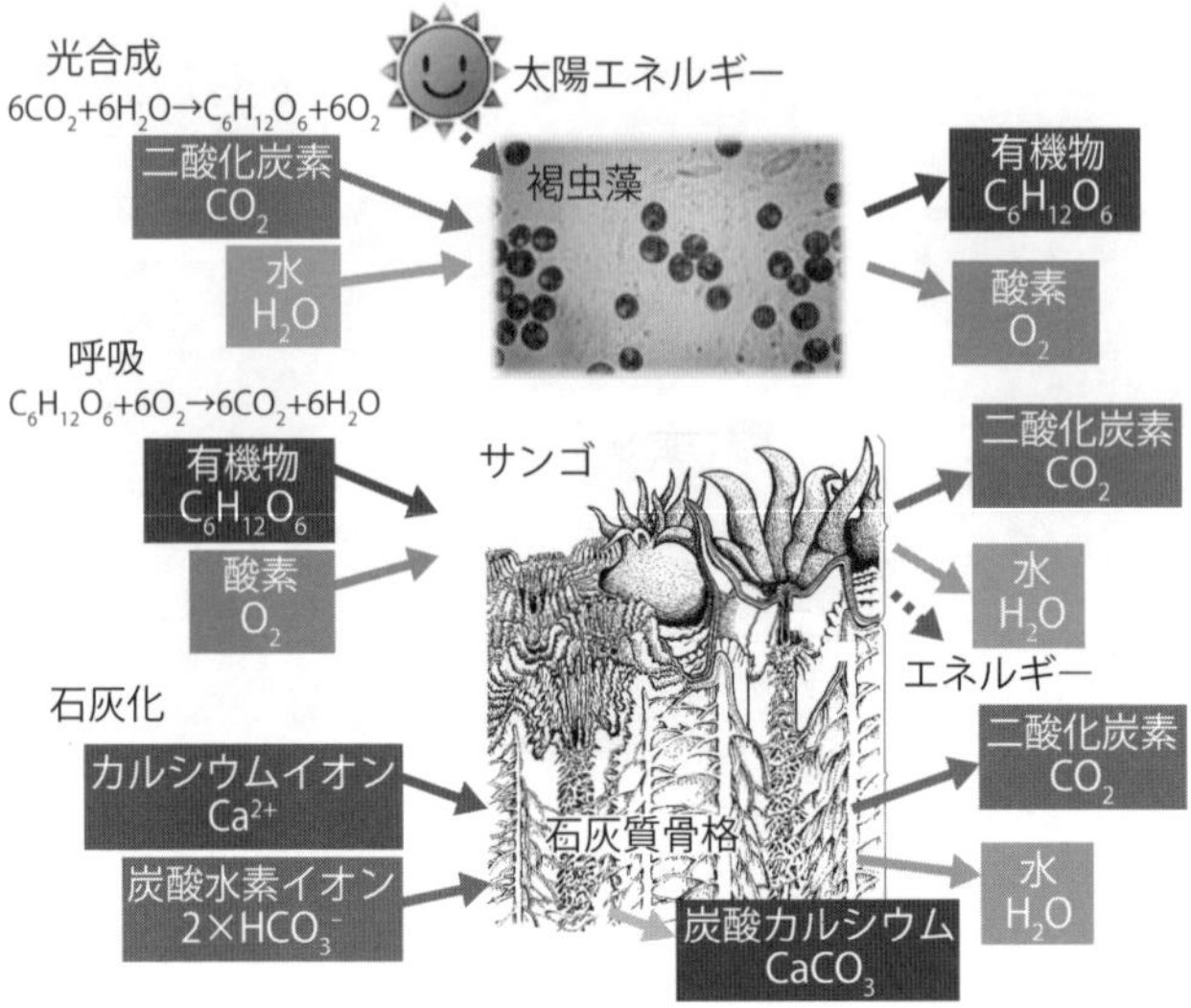

図 6.7　サンゴ礁と二酸化炭素の関係
褐虫藻は二酸化炭素を光合成に使う一方で、サンゴ自身の呼吸によって二酸化炭素が放出されます。また、骨格を作る時に海水中の二酸化炭素によって生成する炭酸水素イオンを消費するが、二酸化炭素も放出されます。

論がありました。

　しかし、この時私たちが調査した石垣島のサンゴ礁では、光合成が呼吸や骨格形成に勝っていて、二酸化炭素の吸収源となっていました。いろいろな調査結果を比べてみると、放出源と吸収源のどちらになるかはサンゴ礁の条件によって異なることが分かってきました。

　サンゴ礁には、サンゴ体内の共生藻以外にも、さまざまな海草や海藻が分布しています。こうした大型植物の光合成も、二酸化炭素を固定して、海洋酸性化を緩和する効果があります。

■海面上昇による環礁の島の水没

　地球温暖化は海面上昇の話とつ

①サンゴがサンゴ礁を造る.
＝島の土台＋天然の防波堤
②サンゴ礫が
打ち上げられる.
③有孔虫砂
が堆積する.
④環礁の島の完成

図 6.8　環礁の島（環礁島）のでき方。

ながります。地球の気温が上がると、南極大陸や北極のグリーンランドにある氷河が溶けて海の水が増え、海抜の低い土地が海に沈みます。とくにツバルやモルディブ、マーシャル諸島などの環礁だけからなる国では、国土はリング状のサンゴ礁の上にサンゴや有孔虫の石灰質骨格が打ち上げられてできた、標高1〜4メートルほどの低平な島（環礁州島）です（図6・8）。これらの島では、国土が海面上昇による水没の危機にあります。私は、地学、海岸工学、生態学、人文科学の研究者とともに、こうした環礁国の調査を進めてきました。その結果、島（国土）を維持するためには、海面上昇をできるだけ抑制するだけでなく、サンゴや有孔虫など島を造ってくれる生物の保全も重要であることが分かりました。生態系の保全＝国土の保全でもあるのです。

さまざまな分野の研究者とともに進めたこ

の調査は、私にとって非常に印象深いものとなりました。それは、異なる分野の研究の価値観の違いやそれぞれの分野の研究のゴール（最終目標）を知ることができたからです。このような調査研究に関わることがなければ、私はそれを知らないままだったかもしれません。

最近では、学際研究という分野の垣根を越えた共同研究の重要性が増しています。共に研究を進める異分野のチームメイトが取る手法や考え方を理解することが大切なのは、いうまでもありません。それに加えて、彼らの研究のゴールを理解し敬意をはらうことができれば、新しい専門分野が生まれたり新しい学問体系が生まれたりして、さらに研究を発展させることができるでしょう。

サンゴ礁は、地球温暖化シナリオ全ての要因と関わっています。地球温暖化は、人間の活動が関係しています。サンゴでできた島に国があって人が住み、経済活動も行われています。日本でも、サンゴ礁の近くに人が住んでいるし、サンゴ礁の海で育つ生物もたくさんいます。

サンゴやサンゴ礁について研究すると、本当にさまざまな分野の人と関わることになりますし、理学の分野に進まなくてもサンゴ礁と関わることは可能です。だから、一人でも多くの人がサンゴ礁に興味を持って、その保全や修復に携わってみたいと感じられるようにすることも大切なことの一つです。

サンゴ礁を通してさまざまな課題と向き合いながら、さまざまな分野の研究者と協力して研究を発展させ、温暖化を抑制し、温暖化に適応する生態系と社会を造ることが、私の大きな目標なのです。

質問コーナー

・「海」や「サンゴ」に関心を持ったきっかけは何ですか？

大学入学後、何か変わったことをしたいなと思って、たまたま最初に訪れたダイビング部（海洋調査探検部）の部室で、たまたまいらした先輩に入部を強く勧められて、他の部はまわらずに決めました。その時に海やサンゴに興味を持ったのが、今の研究につながっています。

・研究者になろうと思ったきっかけは何ですか？

中高生の時に公務員の父親を見て、公務員の仕事も変え難い重要なものだけれど、自分はもっと違う道に進もうと思っていました。その頃から研究者になりたいと思っていました。通っていた中学・高校が「自ら調べ自ら考える」をモットーとしている学校だったからか、今思い返すと、生徒の探究心を育てる環境が整っていたと思います。

・研究をしていて苦しかったり、楽しいと感じるのはどんな時ですか？

苦しいのは、やっぱり自分が立てた仮説がうまく解けない時です。いつまで経っても検証できるデータがないと、一生懸命考えて悩むわけです。だけど、反対にそれが解けた時は最高に感動的です。その感動を覚えたら絶対にやめられません。考えた結果が間違っていたときも、そこから新しい発見がうまれることもあるのです。

・研究生活の中でのエピソードがあれば教えてください。

修士課程2年で海外の小さな島へ調査に行った時にバイクで転けて大怪我をしたことがあります。小さな島で設備も整っておらず、その時は縫合の時も抜糸の時も石を傷口から取る時も麻酔をしてくれなかったから絶叫ものでした。結局、怪我のせいで調査できなくなって帰国の予定を早めました。ずいぶん足が痛かったはずだけど、調査で得た重いサンゴの化石試料は頑張って持って帰ったのをよく覚えています。成田からタクシーで病院に直行して、そのまま1週間入院しました。病院ではだいぶ痛がって、退院後1週間したら盲腸でまた入院して、看護婦さんに笑われました。

・先生にとっての「海」とは？

海洋教育に携わるようになり、海にまったく関係ない人とも接するようになって、ようやく海ってどういう存在か考えるようになりました。そして、やっぱり、我々にとって海とは、欠かせない存在だと思うようになりました。水産や安全保障、津波などを考えても、日本人にとって海はとても大事な存在です。日本の海洋国家の位置付けを改めて感じています。

個人的には、海に潜ることは自分の心の中に潜ることでもあります。スクーバの吸気と排気音以外まったく音がない世界で、重力から解放されて全身が海と周囲のダイナミックな地形と一体化して、海と地形を通じて自分の心の中に潜ることができます。

・中学生、高校生に向けたメッセージをお願いします。

基本的な勉強は必要です。でもそれだけじゃなくて、何かのめり込めることを見つけてほしいです。のめり込めることだけやると、基本的なことが身につかないから困るのですが、基本的なことだけやって受験勉強で勝てるだけじゃ、本当に面白いことは掴めないと思うので両方やってほしいです。好きなこと、のめり込めることをやると同時に、つまんないと思うこともちゃんとやる。その上で、本当にのめり込めることを見つけてほしいです。

さらに詳しく知りたい方へ

●**東京大学理学部ホームページ　研究者ビデオ紹介**
https://www.youtube.com/watch?v=7NyzMcr6gQs

●書名：**サンゴと生きる（中村征夫の写真絵本）**
著者：中村征夫（茅根創　監修）
出版社：大空出版
出版年：２０２０年

●書名：**サンゴ礁学―未知なる世界への招待**
著者：日本サンゴ礁学会（編）
出版社：東海大学出版会
出版年：２０１１年

COLUMN ⑥

海洋葬（海洋散骨）について
―いのちの循環を考えてみる―

笹川平和財団海洋政策研究所　海洋事業企画部
海洋教育チーム　研究員
（前　東京大学大学院教育学研究科附属海洋教育センター）
嵩倉美帆

日本社会、また、日本の教育現場においては、「死」にふれる、あるいは「死」を考える機会が遠ざけられてきた。人間がこの世に生を享けて、死を迎えることは避けられない事実だ。にもかかわらず、残念なことに死んでから自身の肉体をどう昇華するかを考えることはできない。ともすれば、生きているうちに「理想の弔われ方」を考えたくもなるだろう。

たとえば人間のような「想像力」をもたない生物においては、「死」を想像してあれこれと思い悩むことはない。たとえば、孵化したばかりの幼虫に食べられて死を迎えるハサミムシのメス、そして、次世代を残そうとする営みの最中あるいはその後に、メスに捕えられ食べられてしまうカマキリのオスなど、人間では考えられない状況におかれる生物もいる。

さて人間はどうだろう。もちろん急に訪れる「死」もあるが、予め考えられる「死」において、とくに日本では、死を迎えれば、その「家」が信じてきた宗教上の儀式に則って、火葬し、お墓へ納骨する場合が多い。（厚生労働省発表の、衛生行政報告例「埋葬及び火葬の死体・死胎数並びに改葬数，都道府県－指定都市－中核市（再掲）別」（https://www.mhlw.go.jp/toukei/list/36-19.html）によると、火葬と埋葬（土葬）では、圧倒的に火葬が主流となっている。）

他方で、世界に目を向けてみると、アメリカにおいては主にキリスト教思想による葬儀・埋葬方法であり、中国においては、葬儀を盛大に行い、「悲しい」という感情をこれでもかというくらいストレートに表現して見送ることで、儒教の教えを守っているようだ。インドにおいては、ヒンドゥー教を約八割の人々が信仰しているため、その教えに基づいて葬儀・埋葬されている。それぞれの国・文化・歴史・宗教に応じた「弔い」が行われている。

しかし墓石のような〝目にみえる〟「しるし」ありきではない「弔い方」もある。「納骨堂」「自然葬」「手元供養」などがあるが、ここでは、「自然葬」に着目してみたい。海外においては、土や海に遺体を沈める土葬・水葬が認められており、たとえばチベットにおいては、ハゲワシなど鳥獣に遺体の処理を任せる「鳥葬」、インドネシアにおいては、洞窟に遺体を安置して風化を待つ「風葬」などがある。

最近では日本においても、「火葬後の遺骨を埋葬する方法」としての「自然葬」が認められており、その種類はさ

COLUMN ⑥

海洋葬（海洋散骨）について　―いのちの循環を考えてみる―

まざまである。たとえば、樹木葬、海洋葬（海洋散骨）（以後、海洋葬）、空中葬、バルーン葬、宇宙葬、などだ。

このようにみてみれば、「しるし」あっての「弔い」ではなく、時代の変化とともに選択肢が生まれてきていたことが分かるだろう。

とくに海洋葬については、かの有名なアルベルト・アインシュタイン（科学者・理論物理学者　没：１９５５年）は、アメリカ合衆国の大西洋岸にそそぐデラウェア川に、そして、映画『誰が為に鐘は鳴る』の主演、イングリッド・バーグマン（女優　没：１９８２年）は、故郷スウェーデンの海に散骨されている。最近では、石原慎太郎（作家・元東京都知事　没：２０２２年）が、神奈川県葉山町沖に散骨された。

以前も今もなお、「弔い方」の選択肢に海洋葬が含まれることは、とくに日本においては、戸籍制度の改正とともに核家族が増えてきたことにも起因する。そして、２０１４―１５年頃から、先祖代々受け継がれてきたお墓を手放す「墓じまい」が、急速に浸透してきたこともかかわってくる。しかし勝手に海洋葬を行うことはできない。一部の地方公共団体においては、条例等で規制をしていたり、また事業者に対しても、たとえば散骨場の経営に自治体からの許可を必要としていたり、学校等の施設から一定区域内では事業を行わないよう規定していたりと、ガイドラインや条例などによって方針を示している。また、海事法規との関連性も非常に重要になる。ただ、『刑法』第１９０条の「遺体遺棄罪」や、『墓地、埋葬等に関する法律』第4条の「墓地以外の埋葬の禁止」の解釈には余地がみられるため、原則として規制の対象とはなっていないのが現実である。

平成26年には、一般社団法人日本海洋散骨協会によって、海洋散骨ガイドラインが作成・公表されており、地域に合った形でのルールも策定されている。前述したようなさまざまな法令との関連性も重視しながら、「適切に」「節度ある」海洋葬を行うことが大切になるだろう。

海洋葬は、「海洋（海）」に「身」を委ねることで生まれる「いのちの循環」を想像させるのではないか。本書でも、いくつもの章にまたがり、海が水や元素や生命の循環の場であると、説明されている。日本には、常世の国（あの世）の神話はもちろん、沖縄県や鹿児島県奄美群島に伝わる「ニライカナイ」など、日本列島が海に囲まれた「民族のるつぼ」だからこそ、繋がれる物語もある。「生きる力」を育むことは同時に、「死へのまなざし」を育むことと同義であろう。

読者の皆さん、誰でもない、「あなたの弔われ方」について考えてみたことはあるだろうか。これを機に、ぜひ一度考えてみてもらいたい。

#07

白いブラックボックス、北極海から気候変動をさぐる

東京大学大気海洋研究所　海洋物理学部門
川口悠介
取材・構成　大谷有史

「北極」といえば、まず、シロクマやトナカイを思い浮かべるでしょうか。南極と違って大陸はなく、海と雪と氷のイメージを持っている人も多いかもしれません。地球温暖化のため、氷がどんどん溶けていることを思い浮かべた人もいるかもしれませんね。

人の活動を考えるとさまざまな方面への利用や開発の可能性がありますが、ひとたび環境が破壊されると元に戻る力が弱い北極海は、今、地球温暖化という課題に直面しています。

■北極海と地球温暖化

北極海は、グリーンランドとスカンジナビア半島の間やカナダ北東の多島海域で大西洋とつながっています。そして、アラスカとシベリアの間にあるベーリング海峡で太平洋とつながっています。学術的には海洋学だけでなく、気象学や気候学からも注目を浴びている海域です。

今後の地球温暖化については、人の活動が原因の気候変化やその影響について評価している組織、国連気候変動に関する政府間パネル（ＩＰＣＣ）が、世界の気温上昇を予測しています。彼らは、二酸化炭素をはじめとする温室効果ガスについて、排出量を最小限に抑え込んだ場合から、対策せず増え続けていった場合まで4段階の予測をしています。

これによると、北極では温室効果ガスの排出量が最も少ない場合でさえ１９８６〜２００５年の平均地上気温に対して、２０８１〜２１００年の平均気温が３℃上昇するという結果が出ています。これは、地球上で最も大きな気温上昇で、北極は地球温暖化の影響を最も受けやすい場所と考えられています。北極海は、暖まった地球の空気を冷やす役割も担っており、「地球の熱システムの冷却機」といわれているのですが、このままではその役割が果たせそうにありません。

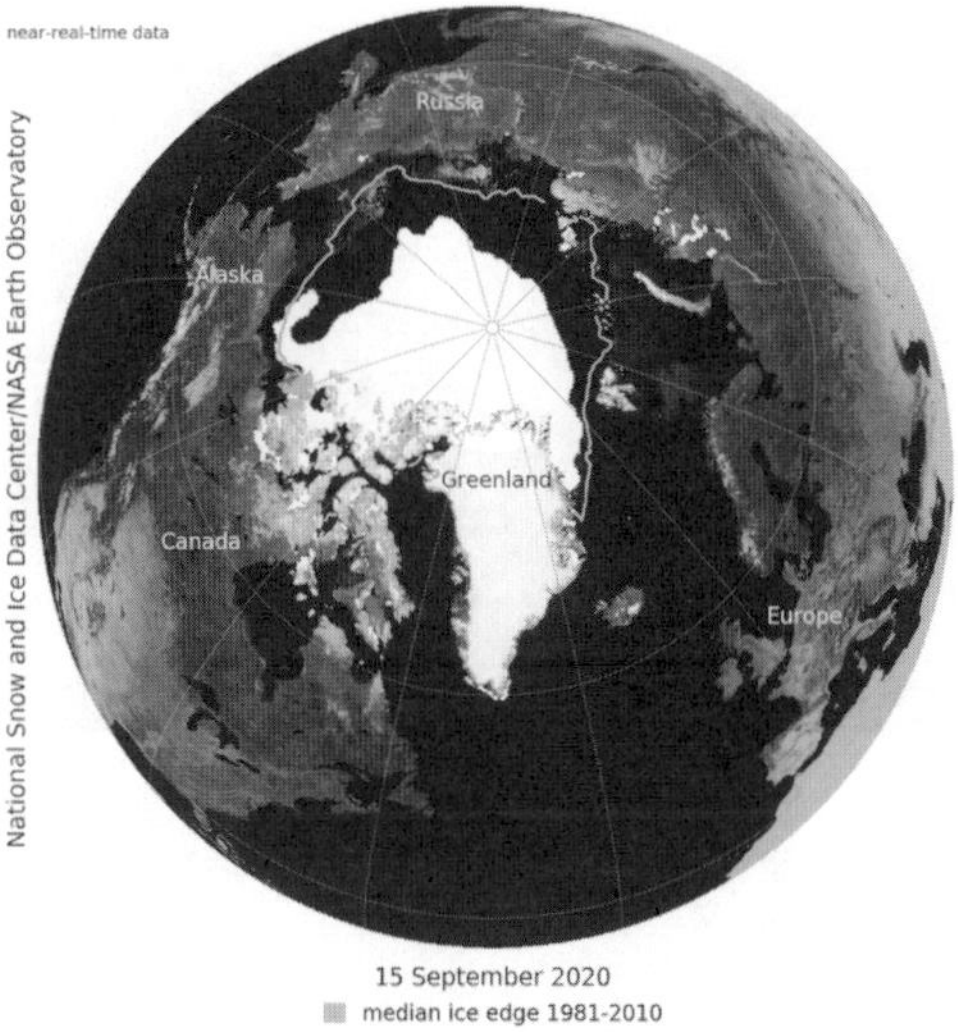

図 7.1　北極海の 2020 年 9 月 15 日における海氷の広がり。実線は 1981 年から 2020 年の同月の中央値を表す。アラスカ・ユーラシア大陸側で海氷が大きく減少している海域が明瞭に示されている。
（出典：National Snow Ice Data Center(https://nsidc.org/)

■海氷は海のふた

北極海が、地球温暖化の影響を受けやすい理由の一つは海氷の存在です。海氷というふたがなければ、海水温は今よりさらに高くなってしまうでしょう。

海氷は、通常白い色をしています。一方で、海水は空から見ると黒っぽく見えます。白い色は黒い色に比べて光をよく反射しますが、海氷や海水も例外ではありません。白く見える海氷は、黒く見

図 7.2　北極海の様子。白い部分が海氷で、黒く見える部分が氷が溶けたメルトポンド。（口絵 12 参照）
（写真：北海道大学　野村大樹）

える海水の4～8倍も太陽光を反射する性質を持っています。海氷があれば太陽の光が海水に吸収されることはなく、海水温が上昇することもありません。しかし、海氷がなくなって海面が出ると、どんどん熱を吸収して海水温が上昇します。そして、もっと海氷を溶かしてしまうという循環がおきやすくなります。これをアイス・アルベド効果と呼んでいます。

■北極付近でできる低気圧

海氷が溶けると、北極海の気象に影響します。本来ならば観測されないような気象現象が起こるのです。

日本のような中緯度地域では温帯低気圧という低気圧が発生します。これは、南にある暖気と北にある寒気がぶつかり合う前線付近でできる低気圧です。これと似たような低気圧が、冷たい寒気ばかりの北極海の上空にもできることがあります。

海氷がある領域の上空は、海氷の影響で温度が低くなっています。それに比べて海氷が溶けてなくなってしまった領域の上空は、太陽光を吸収して温められた海水の影響で温度が高くなっています。海氷のある領域とない領域との境目では、上空で暖気と寒気がぶつかり合って、われわれの知る温帯低気圧と似たような仕組みで低気圧が発生するのです。

#07
白いブラックボックス、北極海から気候変動をさぐる

このような大気の乱れは、中緯度、低緯度の気象にまで影響を及ぼす可能性があります。急速に変化している北極海の実態について、現場観測に基づく研究が続けられています。例えば２０１５年から２０２０年に行われた、ＡｒＣＳという北極研究推進プロジェクトです。これは北極海の変化について、科学以外のテーマも含んだ研究プロジェクトです。その中で私は、北極海洋環境観測研究というテーマでベーリング海峡の少し南にあるアナディル海峡について、ロシアと共同で観測研究を進めました。

ベーリング海は北極海の海水の主な入り口です。この海域には北太平洋から海流によって運ばれた温かい水が入ってくるために、海氷の減少が激しいことが知られています。やがて、海水はグリーンランドとスバールバル諸島の間にあるフラム海峡やカナダ多島海、バレンツ海などを通って大西洋に流れ出ていきます。

流れ込む海水の温度は、夏場になると10℃以上になることが分かっています。一方で、人工衛星による観測から、ベーリング海峡を挟んで反対側のシベリアの海域に、アナディル海峡を通過した冷たい水が流れ込んでいるという報告もありました。もし本当に冷たい海水が北極海に流れ込んでいるのであれば、北極海の海氷の消長に関係していると考えられます。

観測の結果、シベリア大陸とセントローレンス島の間にあるアナディル海峡付近に冷たい海水が海底から湧き上がって海面に現れる現象が明らかになりました。ここでは夏でも０～２℃の冷たい海水が海面に現れています。湧き上がる海流の力はとても強く、水深50メートルの海底の泥が水深20メートルまで巻き上げるような強い乱流が発生していまし

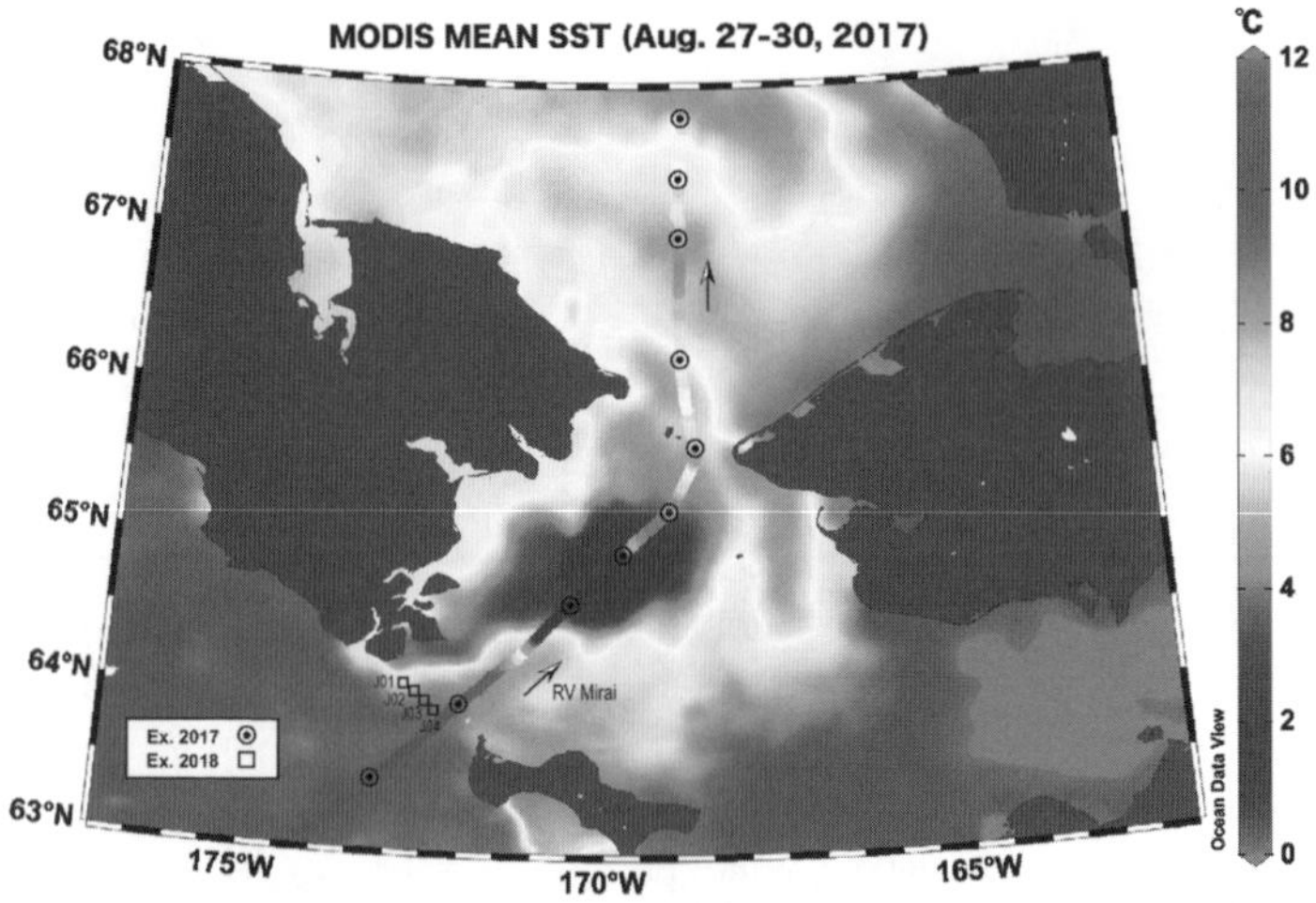

図 7.3　人工衛星によるベーリング海峡付近の海面水温。ArCS プロジェクトで海洋地球研究船「みらい」による観測ポイントも示す（◉は 2017 年、□は 2018 年の観測ポイント）。（口絵 13 参照）

（出典：Kawaguchi, Y, J Nishioka, S Nishino, S Fujio, D Yanagimoto, K Lee, A Fujiwara, I Yasuda, Cold water upwelling near the Anadyr Strait: Observations and Simulations, Journal of Geophysical Research Oceans, 125, e2020JC016238, https://doi.org/10.1029/2020JC016238, 2020.）

た。

さらにコンピュータシミュレーションの結果から、冷たい水の沸き上がりには、海水が海底にそって流れるときに生じる摩擦が関係していることが分かりました。

摩擦の効果を考慮したシミュレーションでは、海水の流れがアナディル海を北向きに横切るときに海底付近の海水が西向きに動いて、シベリア側で沸き上がっていました。これは人工衛星の観測結果と同じです。一方、摩擦を考慮しないシミュレーションでは、海底付近の海水が西に動くことも冷水が沸き上がることもありませんでした。

この現象には、液体や気体などの流体が持つ、粘性という性質が

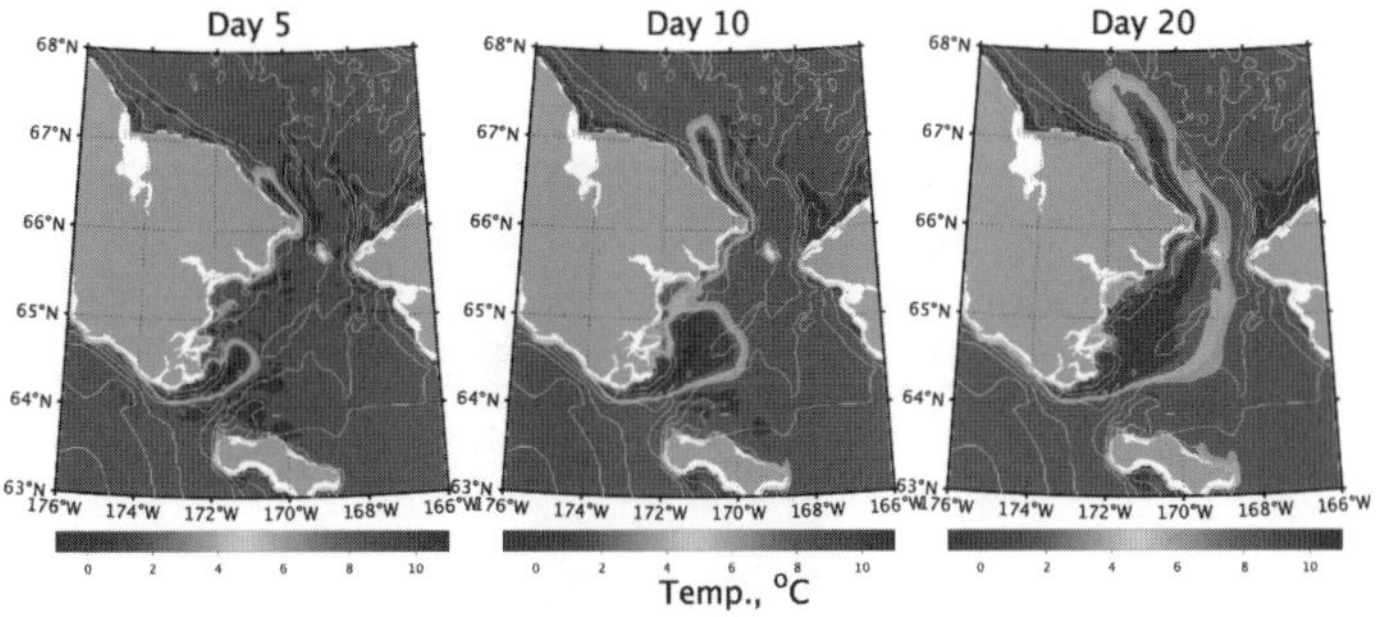

図 7.4　数値モデルで再現された冷水の湧き上がり。海面近くの水温分布の時間変化。シベリア側で下層の冷水が湧き上がる様子を示す。
冷たい湧昇水が北極海に流れ込めば、夏は海氷が溶けにくく冬は結氷時期が早くなると考えられます。しかし、長期的な変化はまだ分からないため、調査が必要です。
（出典：Kawaguchi, Y, J Nishioka, S Nishino, S Fujio, D Yanagimoto, K Lee, A Fujiwara, I Yasuda, Cold water upwelling near the Anadyr Strait: Observations and Simulations, Journal of Geophysical Research Oceans, 125, e2020JC016238, https://doi.org/10.1029/2020JC016238, 2020.）

関係しています。粘性とは流体の粘り気を表す性質です。粘性があるため流体は周りの物質とできるだけくっついて流れようとします。

海底を流れる海流も流体なので、粘性によって海底にくっつこうとして摩擦が生じます。それだけではなく、海底の近くには境界層という流れが急激に変化する層も生じます。この境界層の中で粘性と地球の自転の効果が合わさって、北半球では境界層の流れの向きが他の層よりも左向きに傾きます。この傾いた流れをエクマン流といいます。

アナディル海を通って湧き上がってくる海水は、このエクマン流によって海底付近の冷水が集められた後、行き場を失ってシベリア沿岸に湧き上がったものだったのです。

図 7.5　北極海横断を行ったフリチョフ・ナンセンとフラム号（船）
ナンセンは北極点を目指していましたが、到達することはできませんでした。しかし、当時人跡未到であった北緯 86 度 14 分の地点に到達しました。フラム号は、人類史上初の南極点到達を果たしたアムンゼンの南極探検にも使われました。

■MOSAiCプロジェクトとは

ＭＯＳＡｉＣという国際観測プロジェクトがあります。ＭＯＳＡｉＣとは、Multidisciplinary drifting Observatory for the Study of Arctic Climate の略称です。直訳すると、北極の気候を研究するための学際的な漂流する観測所。その名の通り、いろいろな分野の研究者が寄り集まり観測研究をしようというプロジェクトです。

基盤となるドイツの Alfred Wegener Institute という極域海洋研究所の砕氷船 Polarstern を、北極海の大きな氷板に横付けして、一緒に漂流しながら観測を続けます。

動力を使わず、ずっと同じ氷盤と一緒に漂流するのが最大の特徴です。補給船や航空機などを用いて人や物資の入れ替えをしながら、一つの氷盤と一緒に自然の力で北極海を横断していきます。

２０１９年当時、日本は砕氷研究船を持っていませんでした。アナディル海峡の調査でも、私たちは北極海の入り口までしか入れておらず、日本で初めての砕氷研究船が完成するまでは限定的な観測研究を行うことしかできません。

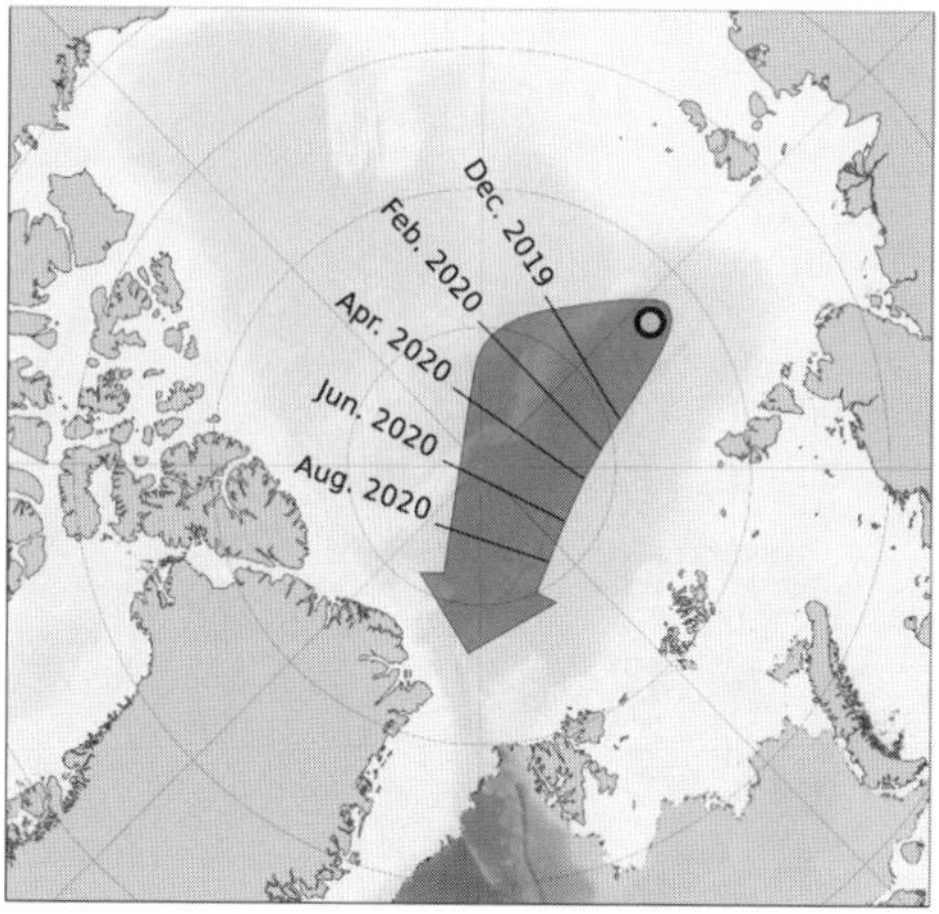

図 7.6　MOSAiC で予定される航路。
（出典：Alfred Wegener Institute）

北極海の変化を理解するために、今、中央の海盆域に行きたい、そう考えた私は、ＭＯＳＡｉＣプロジェクトへの参加を決意しました。

ＭＯＳＡｉＣは、１８９３～１８９６年にノルウェーの科学者フリチョフ・ナンセンという人が行ったプロジェクトをオマージュしています。

彼は、シベリア産の木や、シベリア北岸で破壊された船の残骸がグリーンランドの東の海岸に漂着した事実から、「北極海にはシベリアからグリーンランドに抜ける海流があるはずだ」という仮説を立てました。それを確認するために北極海の氷にフラム号を乗り上げて海氷と一緒に漂流することで、当時、まだ人間が到達していなかった北極点への到達を目指したのです。残念ながらこの遠征で北極点到達はならなかったものの、さまざまな科学的観測から北極海の詳細な海洋学データが得られました。

海氷中に砕氷船を閉じ込めた観測は、ＭＯＳＡｉＣ以前にも行われています。１９９７〜１９９８年に実施されたＳＨＥＢＡというプロジェクトです。しかし、この観測を除くと、１年間通して北極を観測するプロジェクトは他にありません。そのため、今回のＭＯＳＡｉＣでは非常に貴重なデータが得られることが期待されました。

■海氷の下で何が起こっているか？

２０１１年に北極点で行った調査では、ｗｅｂカメラを使って海氷表面の状態が変わっていく様子や、ＧＰＳを使って海氷の変形と海の上層の水温などの変化についてなど海氷の減少とどのように関係するのか調査しました。

海氷はマイナス20℃、マイナス30℃になると氷が成長してさらに厚くなります。すると、隙間がなくなって氷盤は勝手な動きをしにくくなります。しかし、時間が進むにつれて海氷の表面が溶けて氷が緩くなってくると、それぞれの氷盤が自由な動きをし始めて、ぶつかったり、離れたり、変形したりします。そのプロセスの一つで、リードと呼ばれる隙間ができて海面が出現してきます。

その２日後の写真を見ると、今度は逆に、大きな氷盤同士がぶつかることで横方向の圧力で氷が山のように盛り上がって氷脈ができています。このように激しい海氷の運動が何度も起こった結果、海洋表層が持つ熱や流れが変化して、この年は海氷が局所的に大きく

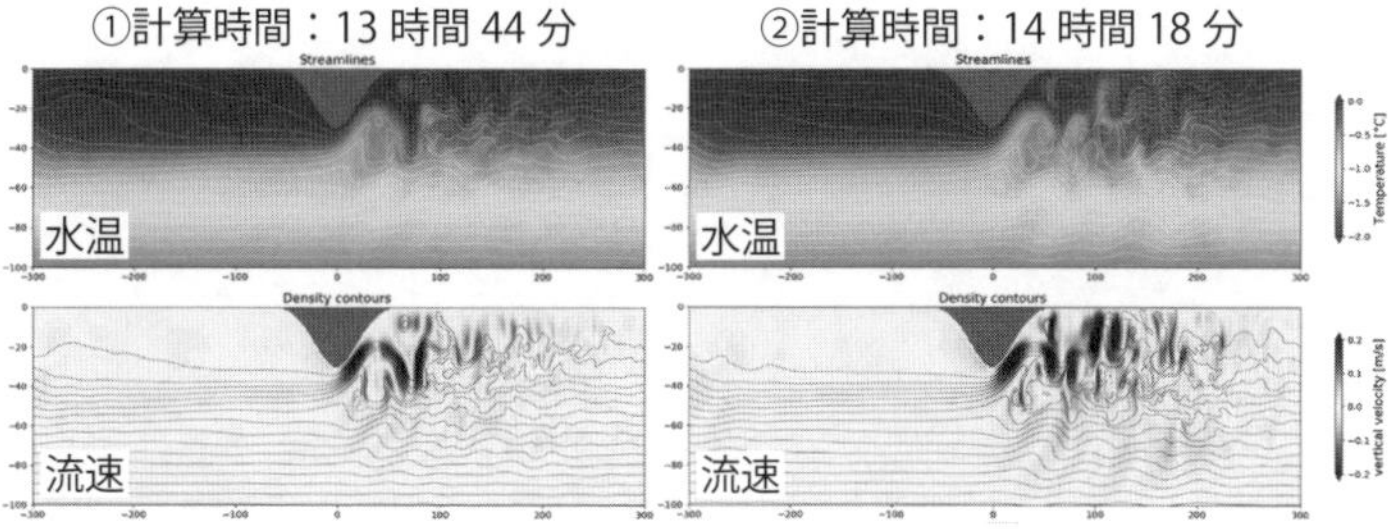

図7.7　海氷が動くことで海水の乱流が起こる様子。海氷が動くと、下の方にある温かい水が海面近くまで巻き上げられるような乱流が起こって熱が輸送されます。
（数値シミュレーション：東京大学　松村義正）

減少した特異な年となりました。

通常、何も溶けていない普通の水は温度が高い方が密度は小さくなります。これを成層といいます。だから、水面から底に近づくにつれて水の温度が低くなる構造が安定な状態といえます。しかし、海水の密度には塩分濃度も関係してきます。特に北極や南極は基本的に水温が低いので、温度よりも塩分濃度のほうが大きく影響します。そのため、図7・7に示すように上に塩分が低く結氷点に近い冷たい水が、その下に塩分が高くて温度の高い水が存在しています。

これを踏まえて、私はある仮説を立てました。氷が移動するときに、突き出た氷脈が海水を引っかいたり引きずったりすると、表層の海水が深くまでかき混ぜられます。そのために成層が壊されて、結果的に深さ方向の温度の差が小さくなるという仮説です。

海氷の真下の海水は塩分濃度が低く水温はマイナス1・5℃程度ですが、深いところでは塩分濃度が高く水温も0℃以上の水が存在しています。仮説が正しければ、海氷が動くことで真下の海水がかき混ぜられて0℃以上の水が

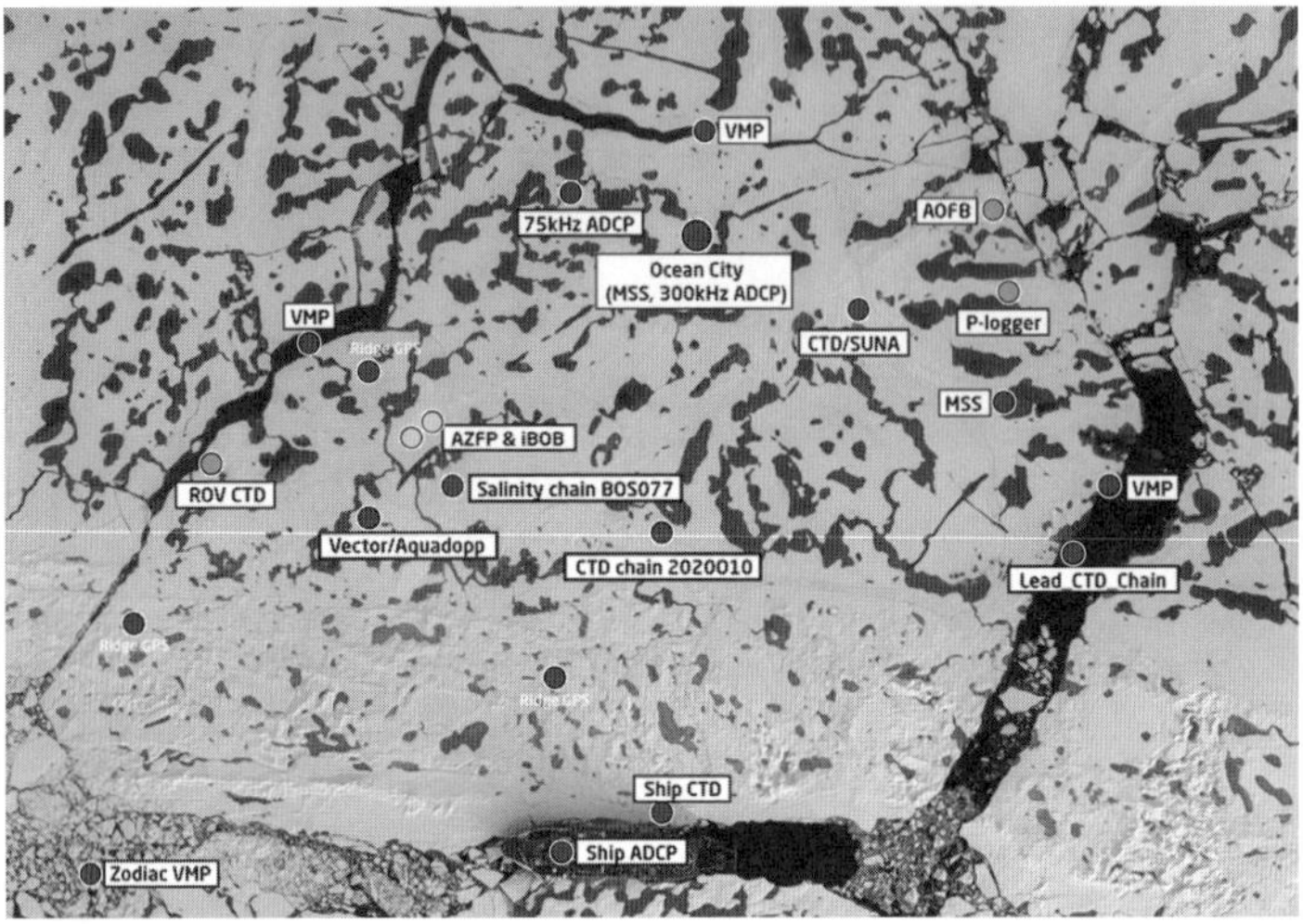

図7.8　MOSAiCプロジェクトの観測点を書き加えた氷盤の航空写真。Shipは、今回の観測に使うPolarstern号。私が主に使用する観測拠点はRIDGE GPS, Ocean City, Vector/Aquadopp。
（写真：Alfred Wegener Institute）

上がってきて、海氷を溶かす原因になるかもしれません。

■MOSAiCでの観測

仮説を検証するために準備した本命の装置を始め、さまざまな観測装置を船に乗せてもらったにもかかわらず、私が現地で自ら測定することは叶いませんでした。乗船予定だった２０２０年、新型コロナウイルスが世界的に感染拡大したためです。

そのため、乗船しているスタッフにお願いしてデータを取り、北極で何が起こっているのかを知るための解析を進めました。

実際の観測の様子を上空から撮影したものに観測点を書き加えた写真を見ると、氷板全体に配置されていることが分かります。それぞれの観測点には、観測装置やステーションなどが設置されています。

メインの観測点は、３カ所のRidge

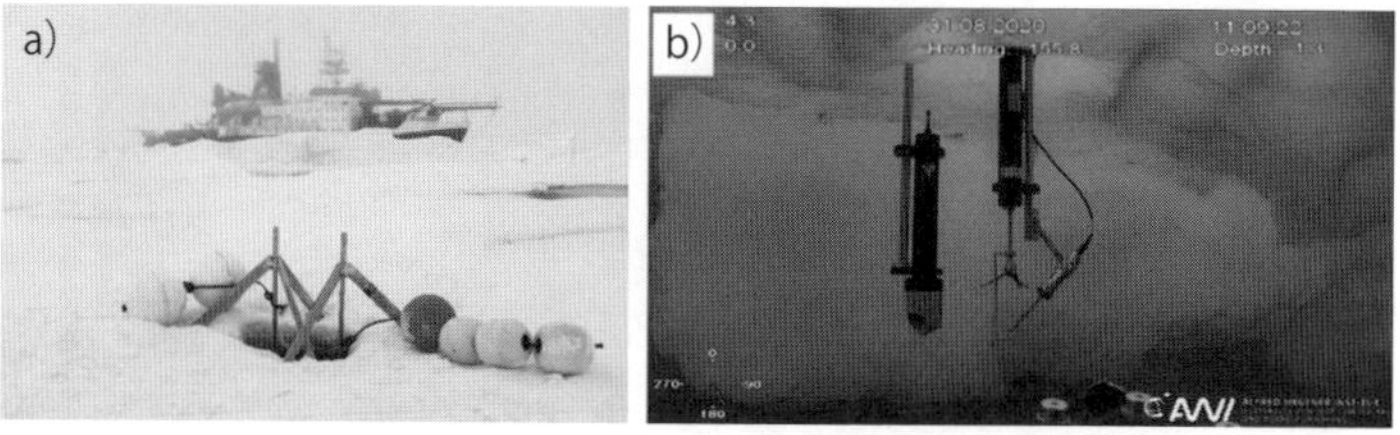

図 7.9　Vector/Aquadop 設置の様子。Vector は渦相関乱流フラックス計、Aquadop は海水の流速を測定する計器。
（写真：Alfred Wegener Institute）

GPS、Vector/Aquadoppです。3カ所にＧＰＳを設置するのは氷の動きや氷盤の歪みを把握するためです。氷の回転などの動きが直接海水の混合を引き起こすだけでなく、海氷が割れて分裂したり新しい氷脈を作ったりすることもあるため、動きの情報はとても重要です。細かい情報を得るために10分間隔でデータを取りました。

Vector/Aquadoppは、今回メインで使用したいと思っていた装置です。これは、渦相関乱流フラックス計といいます。海氷の下の海水の動きを長時間にわたって精度良く観測できる装置と、海水の温度を細かく測定する装置とを組み合わせた機械です。

これらを海水中に沈み込んだ氷脈付近に設置し、どのように熱が動いているかを観測しました。

加えてOcean Cityという、私が所属するTeam Oceanが運営する観測拠点でも海水の温度と塩分、圧力、海水中の微小乱流なども観測していました。

■海氷は海水をかき混ぜる

今回の観測での海氷の動きについて、3カ所に設置したＧＰＳのデータから海氷は変形せず移動していることと、かなり速く動いていることが分かりました。

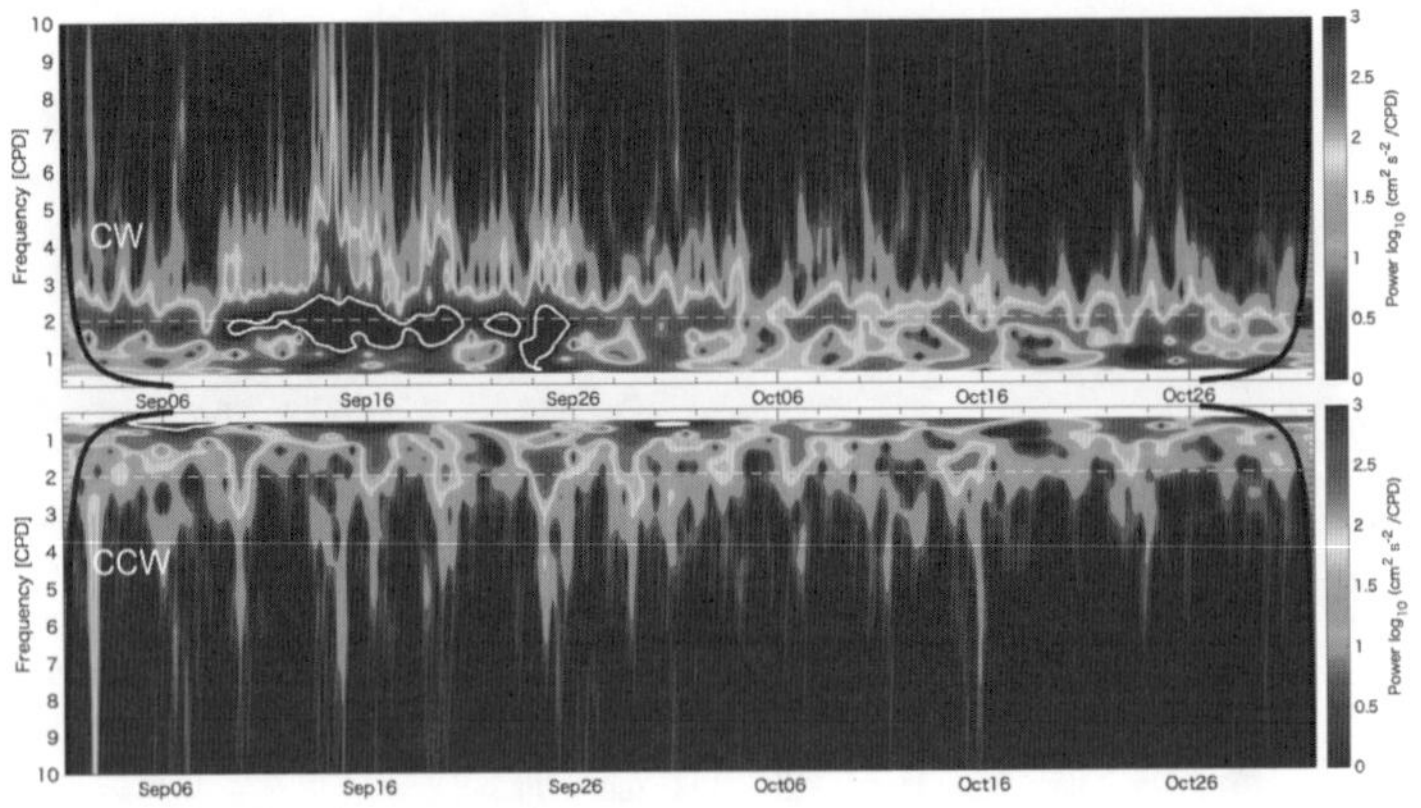

図 7.10　縦軸は回転周期、横軸は観測日を表します。上半分は時計回り、下半分は反時計回りの回転運動エネルギー。観測期間全体において、時計回りに 1 日 2 回転する回転の運動エネルギーが高くなっています。特に 9 月 10 日から後半にかけてエネルギーが集中しています。

海氷は風が吹くことで動くのですが、そのまま放っておくと海氷はくるくる周期的に回ります。これを慣性振動といい、有名な例がフーコーの振り子です。海氷もフーコーの振り子も同じ原理で、北極海では時計回りに約12時間の周期で一回転します。回転周期と回転のエネルギーを表したグラフを見ると、24時間に時計回りに2回転するところにエネルギーが集まっていることが分かります。

9月10日くらいから9月後半にかけて強い回転のエネルギーが集中しています。これは海氷の動きやすさに関連します。9月は夏の太陽のエネルギーによって海氷が溶けて隙間ができ、1年のうちで慣性振動が最も起こりやすい状態になっています。

データは、私の参加期間である9~10月のものしかありませんが、1年を通して観測していたら2月頃に氷の動きが一気に遅くなる様子や、9月に慣性振動が急激に活発になる様子が

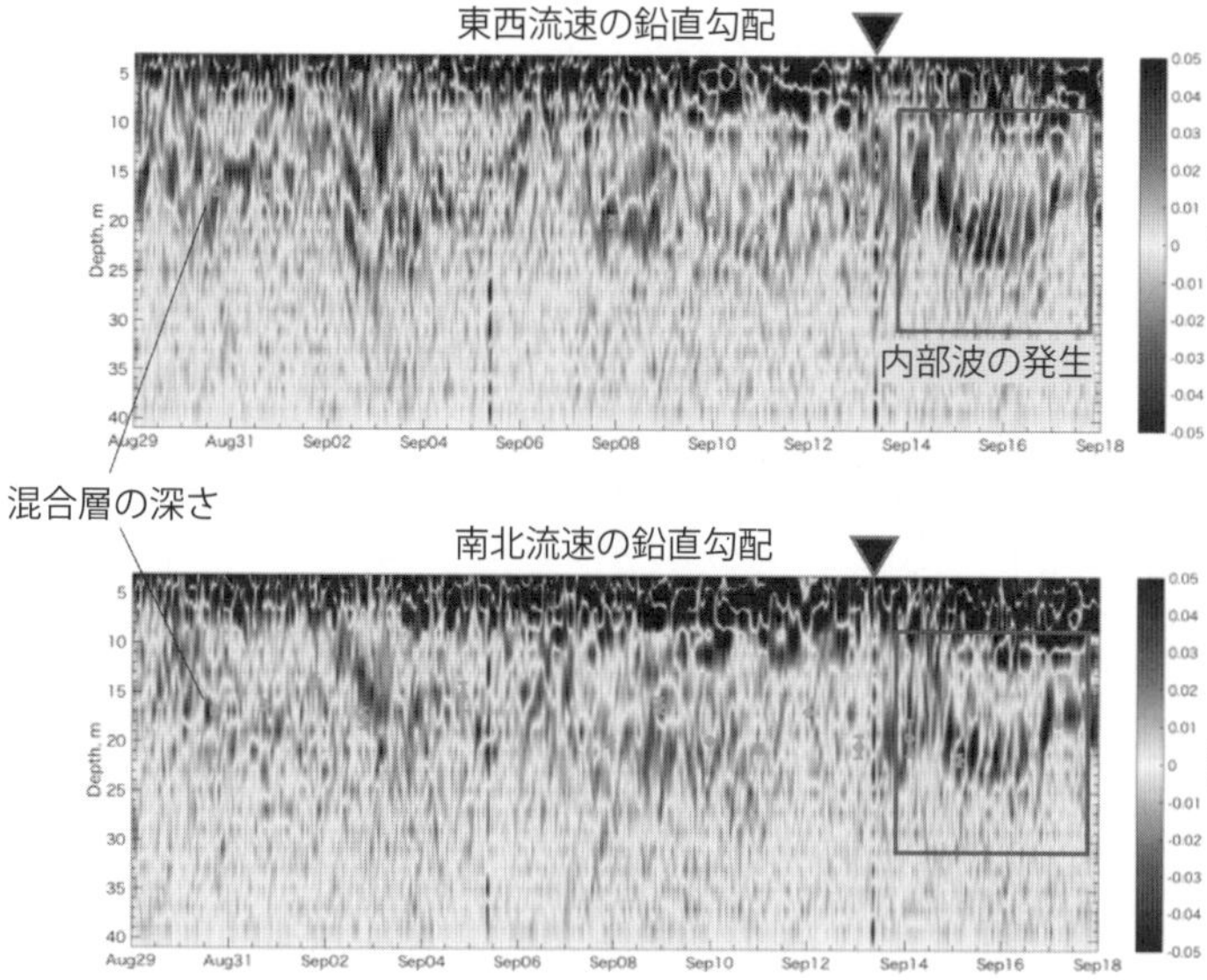

図 7.11　大気擾乱による内部重力波の発生。海洋のそれぞれの深さ（縦軸）で流速の鉛直勾配を測定した結果。9 月 13 日ごろから周期的な流れの変化が見られます。

もっとはっきりと見られるでしょう。２カ月分のデータとはいえ、これはＭＯＳＡｉＣプロジェクトで複数箇所にＧＰＳを設置し、10分という短い間隔で高精度のデータを取ることができたからこそ、得られた結果です。

流速計で測定したデータからはＧＰＳからのデータを裏付けるような結果を得ることができました。実は２０２０年９月14日に、非常に発達した北極の半分くらいを覆う大型の低気圧が通過するイベントが起こっていました。これが駆動源になって海水が慣性振動で激しく動いており、その影響で海水がかき混ぜられていることを示すデータが得られたのです。

図７・11を見ると９月13日以降、

水深15～25メートル付近では、海氷の慣性振動の周期とほぼ同じ半日周期で海水の動きに変化があったことが分かります。海氷の動きは、少なくとも水深15～25メートルくらいまでの海水をかき混ぜる駆動力になっているようです。

海氷が溶けて隙間ができて動きやすくなった時に、今回のように発達した大きな低気圧が通過することでたくさんの海氷がぐるぐると動きます。その時、海洋に突き出した海氷が同じような周期でぐるぐると海水をかき混ぜます。その結果、周期的な波が発生して海水が縦方向に強くかき混ぜられ、熱の分布を変え、結氷に影響を及ぼす可能性があると考えられます。

その他の観測結果から、今回の低気圧は海氷の結氷には大きな影響がなかったと解釈できましたが、海氷の動きと結氷の関係について理解するために、さらなる研究が必要だと感じています。

ＭＯＳＡｉＣプロジェクトの成果は、これだけでなく他にもたくさんのデータを得ることができました。そのうちの一つとして、今と昔の海氷の動きが変わっているかどうか調べる手掛かりとなるデータも観測されました。こういったデータを過去のデータと比較することで、風に対して起こる海氷の動きと、それに伴う海氷の動きの関係性が変わったかどうかを調べることができるのです。

ＭＯＳＡｉＣプロジェクトのような現場での観測は、どんな気象イベントが起こるかによって得られるデータが違います。それぞれのデータを一つの事例として細かく考察を行って知見を増やしていくことは、北極海を知るために重要なことだと考えています。小さなプロセスがいくつかあって、それが複合的に海氷の融解や成長、そして気候変動に関係していると考えているからです。

まだまだ分からないことだらけの北極海について、これからも純粋な好奇心を大切にしながら調査研究を続けていきたいと思います。

質問コーナー

・「海」や「北極」の研究に関心を持ったきっかけは何ですか？

大学受験の直前に人工衛星の海洋マップを見て海洋の研究に興味を持ちました。「北極」に関心を持ったのは、フラム号の冒険の話を聞いてロマンを感じたことが大きいです。シベリア産の木材を利用した船の残骸がグリーンランドに漂着した事実から、北極海の海流はシベリアからグリーンランドに抜ける海流があるはずだ、という仮説を立てて大胆な冒険で実証するという話に感動しました。

海洋研究を始めた頃は理論研究にのめり込んでいましたが、２００７年に北極の氷の面積が最小となったニュースがきっかけでフィールド調査へ軸足を移しました。北極の氷がなんでこんなに早く溶けているんだ？　という謎を解き明かすために、自分の知識や経験を活かして気候変動を解き明かしたいと考えるようになりました。

・研究生活の中でのエピソードがあれば教えてください。

海外に行く機会が多く、極地に行くといろんなことが起きます。例えば2010年にアイスランドの火山が噴火した時は大変でした。スバルバール諸島からノルウェーのオスロに向かう予定が、飛行機が離陸する3時間ほど前に火山が噴火したようでした。詳細な情報も得られないまま飛行機は離陸しましたが、結局よく知らない小さな街に着陸しバスでオスロに向かうことになりました。ノルウェーには高速道路がなく、オスロまでのバス移動もしんどかったです。結局、ヨーロッパの空の便が2週間くらい止まって日本に帰れませんでした。

・先生にとっての「海」とは?

仕事場としての印象が強いです。それに加えて、気候変動に対して海が及ぼす影響には対応しなければいけないと考えています。海が持っているエネルギー量はとても大きくて、どのような挙動をするのか予測不能なモンスターのような一面があります。私たち研究者にできることがあれば積極的にやっていきたいです。

・中学生、高校生に向けたメッセージをお願いします。

なんでもいいので何かに情熱を持って生きてほしいです。強い気持ちを持って自分の目指す方向に進んでほしいと思っています。

さらに詳しく知りたい方へ

●書名：**極北―フラム号北極漂流記**
著者：フリッチョフ・ナンセン（加納一郎 訳）
出版社：中央公論新社
出版年：2002年

●書名：**白い海、凍る海～オホーツク海のふしぎ**
著者：青田昌秋
出版社：東海大学出版会
出版年：1993年

●書名：**不都合な真実**
著者：アル・ゴア（枝廣淳子 訳）
出版社：ランダムハウス講談社
出版年：2007年

●書名：**世界の砕氷船**
著者：赤井謙一
出版社：成山堂書店
出版年：2010年

COLUMN ⑦

北極の海氷の変化を見てみよう

国立極地研究所 国際北極環境研究センター
（前 東京大学大学院教育学研究科附属海洋教育センター）
丹羽淑博

温暖化によって地球が変わりつつあるといわれます。昔と今で何が変わったのでしょうか。07章で川口先生が説明しているように、地球上で温暖化の影響を最も明瞭な形で示している現象が北極海の海氷の減少です。実際、北極域は地球上で最も速いペースで温暖化が進んでいます。これは太陽光を反射する白い海氷が溶けると、太陽光の熱が海に吸収され、さらなる温度の上昇を招くためです。では、実際に北極の海氷がどう変化しているのか、その様子を見てみましょう。次のホームページにアクセスしてください（図1左上）。

北極域データアーカイブシステム（ADS）は、国立極地研究所が管理する北極域のデータを収集し公開するシステムです。このADSのホームページの項目からVISHOPを選び、そこのプロダクト（Product）から「海氷密接度（Seaice Concentration）」を選んでください（図1右）。そうすると人工衛星によって観測された北極海の海氷の分布を見ることができます。1978年から現在まで40年間以上ほぼ毎日のデータがあります。特に、2002年以降は日本の人工衛星が歴代、海氷の観測を担っています（現在は水循環変動観測衛星「しずく」搭載のマイクロ波放射計2（AMSR2）が観測を実施）。

海氷面積が一番小さくなる夏の9月の海氷分布に着目して、今年（2020年代）の9月と40年前（1980年代）の9月の海氷分布を比較してみましょう（画像ファイルに保存すると比較しやすいです）。海氷が40年間で大きく減少していることが分かります。

特に、太平洋と北極海の間のベーリング海峡からロシア沖合を通ってヨーロッパにかけて、昔は海氷に閉ざされていましたが、最近は海氷がとけて船が自由に横断できるようになりつつあります。これは北極海航路と呼ばれ、東アジアとヨーロッパを結ぶ最短航路になるため、将来、世界の海上貿易の大動脈になると考えられています。北海道や東北地方が世界貿易の中継基地（ハブ港）になる可能性もあり、そうなると日本の地域構造も大きく変わるかもしれません。

ADSのホームページに戻って「Extent Graph」（図1左下）を選ぶと海氷面積の年変化を見ることができます（図1右）。海氷面積の年最小値の変化を見ると、1980年代の初めから現在まで海氷面積は半分近くも減少しました。特に、川口先生も述べているように2007年の夏に

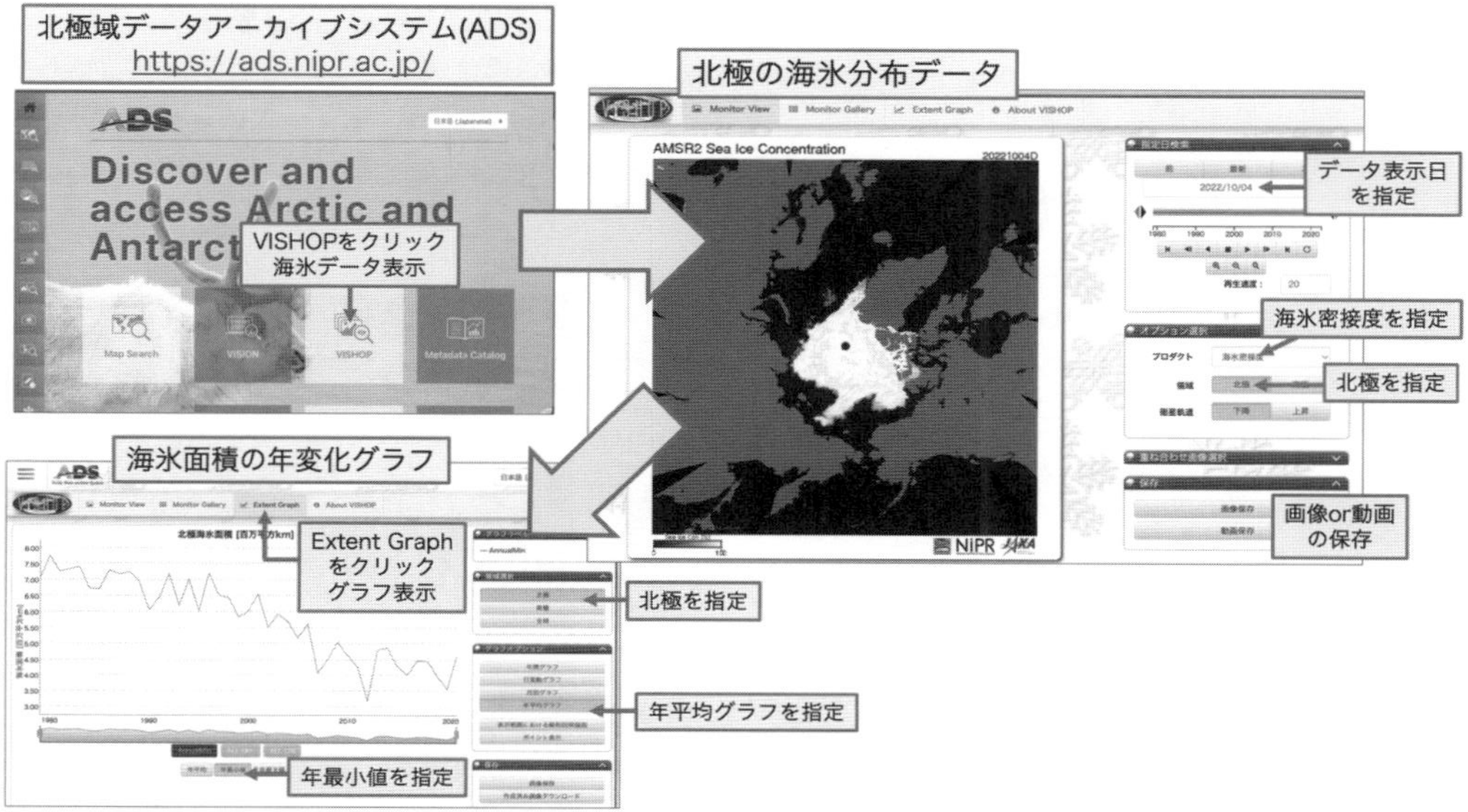

図１　国立極地研究所・北極域データアーカイブシステム（ADS）のホームページ（左上）、北極海の海氷の分布（右）、北極海の海氷面積の年変化（左下）
（出典：「北極域データアーカイブシステム（ADS）」 https://ads.nipr.ac.jp/）

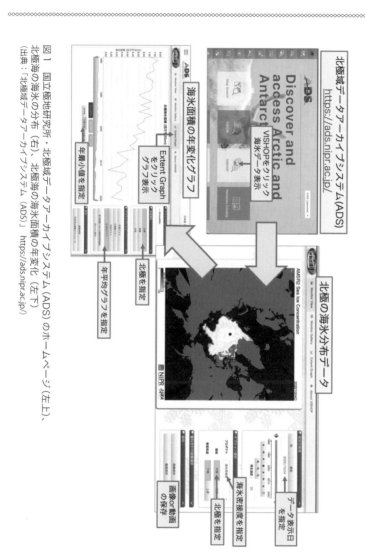

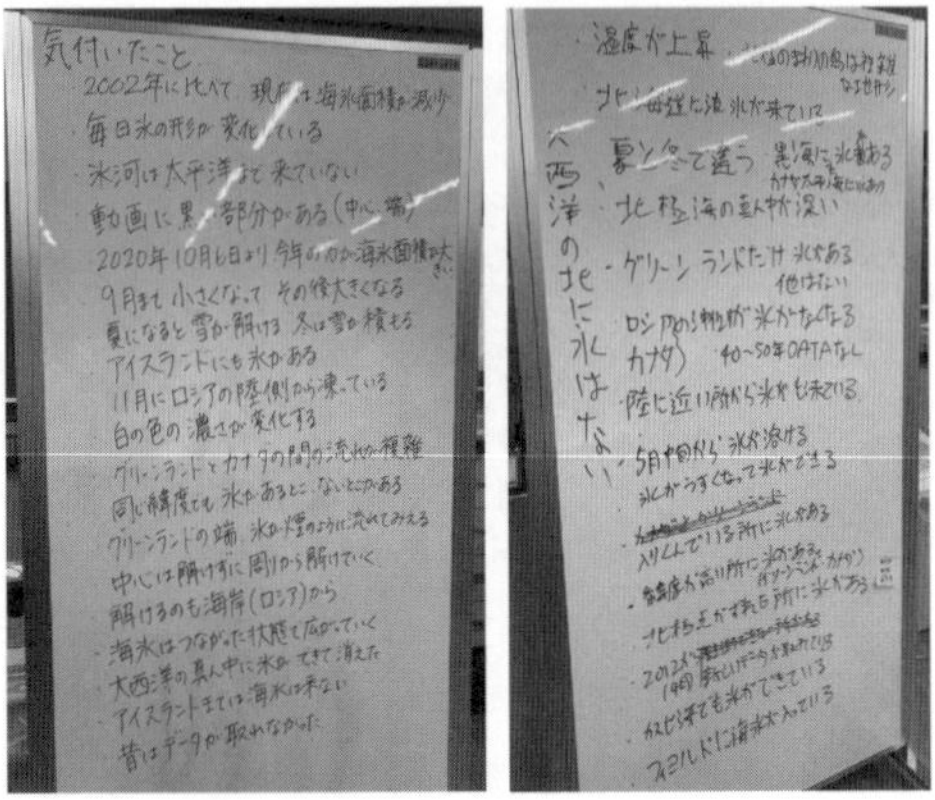

図２　高校生が北極海の海氷分布の動画を見て気づいたことを書き記したホワイトボード。

海氷面積が急激に縮小しました。同じような大きな縮小が２０１２年にも起きています。このような急激な海氷の減少がなぜ起きたのか、さらに今後の減少を正確に予測するにはどうしたらよいのか、現在、積極的に研究が進められています。

急激な海氷減少の原因を皆さんにもぜひ考えていただきたいのですが、その出発点として北極海の海氷をじっくり観察してみましょう。ＡＤＳホームページでは海氷分布の動画ファイルも作成できます（図1右）。1年間分だけでよいので海氷分布の時間変化の動画を繰り返し見て、気づいたことや疑問に思ったことをリストに書き出してください。地図帳にある北極域の地図[*1]も見ながら行うとよいでしょう。北極海の海氷分布や海氷の形成や融解過程、北極域の地形的特徴など非常に多くのことを発見し学ぶことができます。図2のホワイトボードはある高校で行った話し合いの結果を示しています。クラスやグループで話し合いながら行うと、一人では気づかないことも発見できるのでぜひ試みてください。

*1 北極域の地図は極地研究所のホームページ https://www.nipr.ac.jp/aerc/map.html からもダウンロードできます。

#08

誰もが参加できる海洋観測！新しい海洋情報の創出とその活用

東京大学大学院　新領域創成科学研究科
小平　翼
取材・構成　橋本裕美子

スマートフォンの普及に伴い、ユーザ参加型のサービスが増えています。例えば、気象情報。天気予報に加えて、最近ではアプリを使っている人たちが写真とともに投稿する各地の空模様や体感情報といったリアルタイム情報も得られます。共有された情報は「観測データ」として気象予測モデルにも取り込まれ、突発的かつ局地的なゲリラ雷雨の予測や、5分ごとの天気予報などを実現しました。

このようなユーザ参加型の取り組みを海でもできないだろうか。波の様子や海流の速さといった海の観測を誰でも手軽にできるようにして観測情報を増やすことができれば、より広範に詳細で正確な海況予測ができるようになるのではないだろうか。そのような着想から、私たちは持続可能な利用が望まれる沿岸の海域に注目して、研究者や技術者に限らない「誰もが参加できる海洋観測」の実現に向けた研究を行っています。

■海洋表層流の情報が必要な場面は多岐にわたる

海洋のなかでも沿岸海域と呼ばれる陸地に近い海域は、さまざまな環境問題と深く関わっています。

例えば、２０１０年4月、メキシコ湾の海底で掘削作業中だった石油掘削施設「Deepwater Horizon」では大規模な爆発事故が起き、大量の原油が海へ流出しました。流出した原油は海流によって拡散し、一部はアメリカの沿岸域に漂着し問題となりました。あるいは、海洋ごみ問題。適切な処分がされないまま陸地から海に流されたプラスチックごみは別の国に漂着することも多くあり、海洋環境や生態系、景観に悪影響を及ぼすことが懸念されます。沿岸の流れを精度高く把握できるようになれば、漂流する原油やごみを効果的かつ効率的に回収することが可能となり、海洋環境保全に貢献すると考えられます。

海洋環境問題以外にも、海洋表層流の情報活用が期待される場面は多くあります。セーリング競技における活用もその一つです。私たちの研究室では、海洋情報の提供によるオリンピックセーリング競技支援を２００８年北京大会から実施してきました。

■流れの複雑な海でこれまでにないデータを

帆にいっぱいの風を受けて、海面を滑るように疾走するヨット。セーリングは、帆（セール）の表面を風が流れるときに発生する揚力を動力として水上を滑走する速さを競い合います（図８・１）。風の状況、潮流の影響、波の状態など常に変化する自然条件を瞬時に見極め、他艇との位置関係などを考慮しながら、戦略と戦術を駆使してゴールを目指す戦略性の高いスポーツです。セーリングは風をどれだけ操れるかが重要な競技ですが、レース海域の流れを予測できるかどうかも勝敗を左右するポイントの一つです。競技中、どち

図 8.1　セーリング競技の様子
（撮影者：Ververidis Vasilis / Shutterstock.com）

らから流れが来て、どう進路を取れば優位かが分かれば、レースを有利に運べるからです。ロンドンオリンピック２０１２のレース海域では、規則的な潮汐に連動した潮汐流が卓越していたため、予測の難易度は比較的低いものでした。実際に、数値シミュレーションによる予測（図８・２）と観測結果の比較では、良好な一致が見られました。

一方、東京オリンピック２０２０のレース海域である相模湾の江ノ島周辺は、規則的な潮流の強さは限定的な一方で、沖を流れる黒潮の流路の変動の影響を受けて、湾内の流れは不規則に変化します。そのうえ、急潮《きゅうちょう》と呼ばれる強い流れを伴う突発的な現象も起こる複雑な海域です。このような海域でレースエリア内の流れを細かく把握することは非常に挑戦的です。

沿岸域や内湾域では海洋短波レーダー（ＨＦレーダー）と呼ばれる機器が設置され、沿岸域の流れを面的に計測することがあります。江ノ島を擁する相模湾にもＨＦレーダーが設置されていますが、解像度約１・５キロメートルのデータしか得られず、同程度の直径のレースエリア内の詳しい流れを知ることはできません。そこで私たち研究チームでは、特定海域の流れを詳細に調べる新たな手法として、ＧＰＳセンサーを搭載した誰もが手軽に取り扱える新たな観測ツールの開発とその多点展開に挑戦しました。

■さまざまな要素の影響が混ざるデータを正確に解釈する

この観測では、新たに開発する観測ツールを海面に多数投入し、その漂流した軌跡から海洋表層の流れの構造を持続的に推定することを念頭に置いています。しかし海の流れを計測しようとしても、観測機器が風によって流されてしまうと、その軌跡から純粋な海の流れを推定するのは難しくなります。セーリング競技で使用されるヨットは海の流れと風、双方の影響を受けて漂流しますが、ヨットとは形も大きさも異なる観測機器は、同じ風に吹かれても風によって押し流される距離が異なります。小型の観測ツールで取得した移動距離に関するデータが、全ての物に同じように当てはまるわけではないのです。風の影響による移動距離は、他の要素で運ばれた移動距離とは切り分けて把握する必要があります。そうしてセーリング競技において海洋表層流がどのように影響するのかが分からなければ、競技にとって意味のある情報を提供することができません。

従来の海洋表層ドリフターと呼ばれる表層流を計測する漂流型観測機器は、できる限り風に流されずに狙った水深の流れを計測できるよう、海面下約15メートルに水の抵抗を増やす抵抗体をぶら下げています。今回開発した観測ツールでは、誰もが使えるためには小型であることが必要だと考え、極力海面から顔を出す部分を少なくして風の影響を減らす

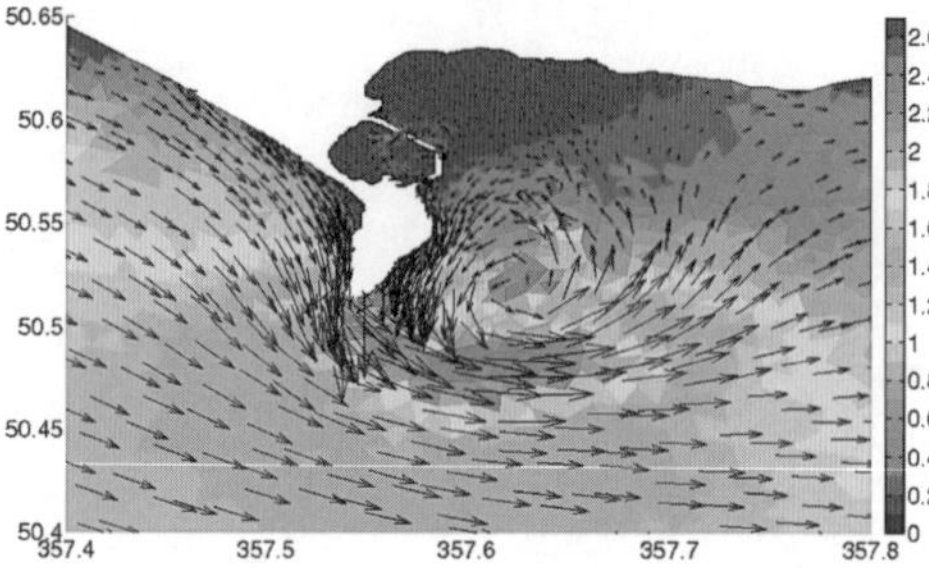

図 8.2　2012 ロンドンオリンピックレース海域における流れのシミュレーション例

図8.3　（左）プロジェクト初期における沿岸海域での観測ツールの試験の様子、（右）現在使用している観測ツール（口絵14参照）

よう努めました。

新しい観測ツールの開発は、各研究メンバーが思い思いに工作して、実際に海面に落としてみることから始めましたが（図8・3左）、次第に低コストでシンプルなデザインながらも、必要十分な機能を備えた観測ツールへと発展させていきました（図8・3右）。

観測ツールに内蔵する電子機器についても自作の試みを行いました。扱うセンサーを選び、どのような時間間隔で海洋観測をするのか、どのようなデータを保存するのかといった指令をコンピューターに与えることを「プログラミング」と呼びます。最近では小学校の授業でも扱われ、もはや「プログラミング」はごく一部の専門家が行うものではなくなりました。プログラミングを簡単に実施できる電子機器やソフトウェアは数多く開発され、ソフトウェアにいたっては無料で使えるものが多くあります。この背景には、スマートフォンが爆発的に普及したことで関連するテクノロジーが進化し、通信機器やセンサーの低コスト化や小型化が進んで大量利用できるようになったことが挙げられます。このような社会環境の変化は、誰もが計測したいものを計測できる未来をほのめかしており、海洋観測がより自由になっていくことを予見させます。

私たちはこのような社会の潮流を活用して、漂流データの取得と波浪データの取得が可能な小型の電子機器を開発しました。今後はデータがどこからでも見えるようにすることや、遠隔地からの操作など、機能の拡充を計画しています。このように、遠隔地からモノを自由に操作することのできる社会はIoT（Internet of Things）社会と呼ばれます。今後もさらに加速すると考えられるIoT化は、「誰もが参加できる海洋観測」を後押しすると考えられます。

■現状を打破するデータの取得に成功

私たちが開発した新しい観測ツールの性能は既存の観測機器と比べてどうか、まずは検証が必要です。海洋表層流の現場観測では、超音波流速計（ＡＤＣＰ）と呼ばれる機器がよく使われています。ＡＤＣＰは音波のドップラー効果を利用して流速を観測する機器です。今回の研究では、開発した観測ツールとＡＤＣＰで同時に観測を行い、比較を行うことで精度検証を実施しました。観測ツールは40本用意して１００メートルごとに海面へ落とし、計4キロメートルにわたる一直線上の表層流を30分間計測。一方、ＡＤＣＰを使った観測は定点観測ではなく、ＡＤＣＰを搭載した専用の操作艇を前述の4キロメートルの一直線と平行に船で曳航して、その航路に沿って海流の速さを連続的に計測しました（図８・4）。

両者が取得した各地点の流速データを比較したのが図８・５です。上のグラフは観測点

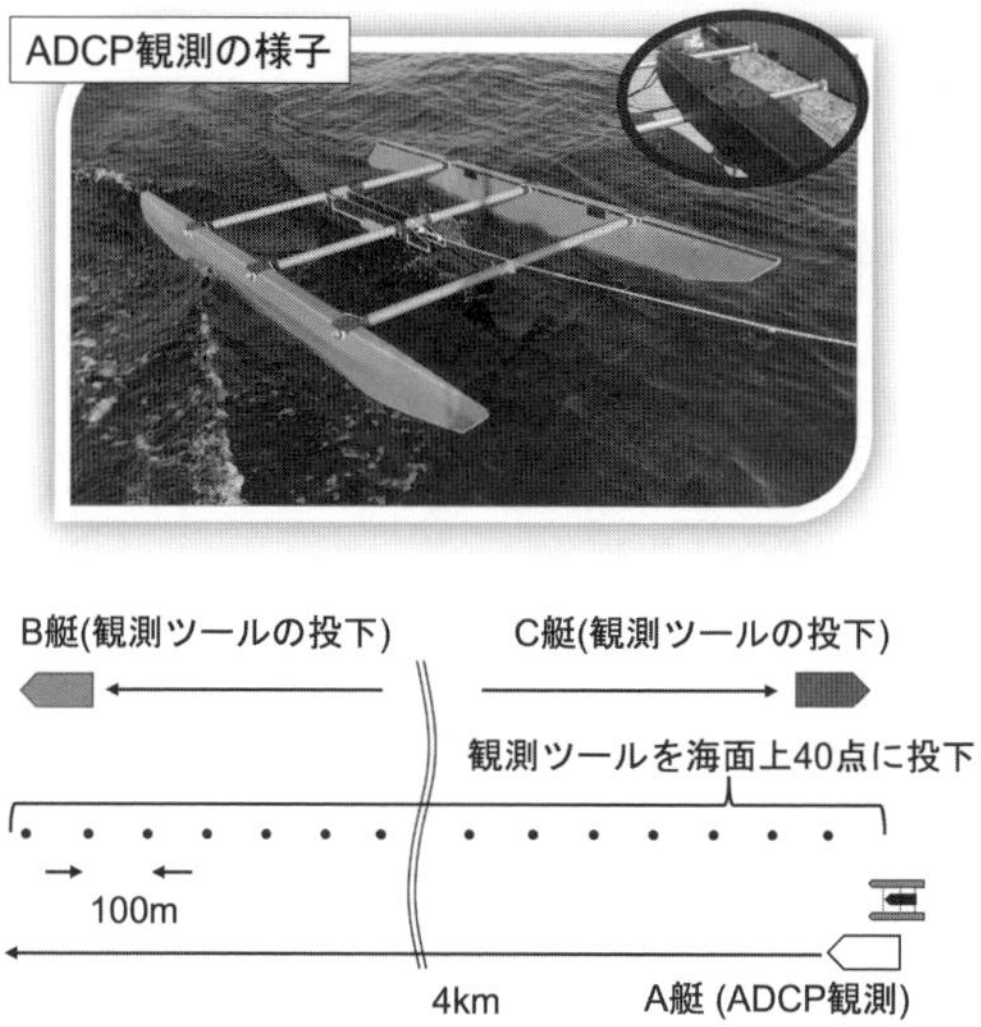

図 8.4　ADCP を用いた連続的な計測のイメージ図

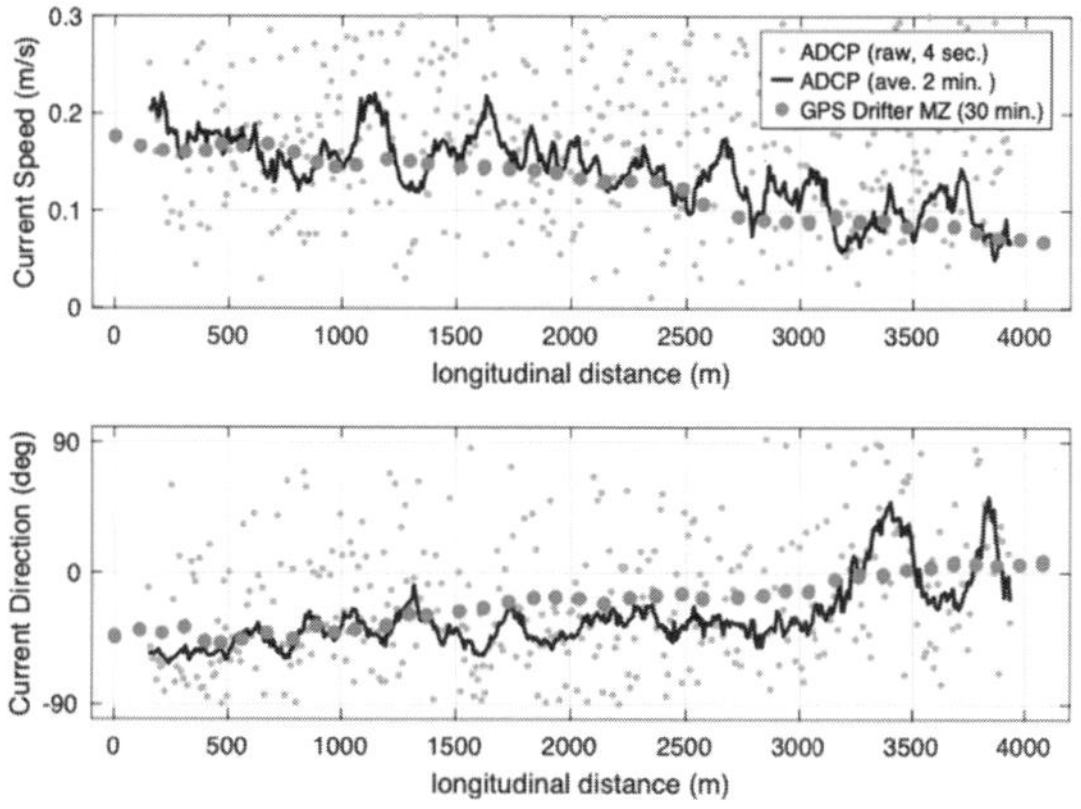

図 8.5　この研究で新たに作成した観測ツール及び ADCP による観測結果

における表層流の流速、下のグラフは観測点における流れの方向を表しています。黒い実線は曳航されるADCPが4秒ごとに観測したデータを2分平均で表した値、ひと周り大きい40個のグレーの丸い点はADCPがその地点を通ったのと同じ時刻に、観測ツールが観測した値です。二つのグラフからは、流速においても流向においても、両者のデータ差異は誤差の範囲にとどまり、ほぼ同等であることが分かります。この結果から、私たちが開発した「誰でもできる」手法による観測は、従来の観測手法に劣らないことも確認できました。

■誰でも扱える観測ツールが海洋学の今後を切り拓く

半径約1キロメートルの狭い範囲における詳細な流れの把握。そんなこれまで手付かずの、いわば未踏領域のこの研究に取り組む中で、今後につながりそうな事象や新たな可能性の発見もありました。

例えば、多数の観測ツールを海面へ等間隔に投入しても、数十分後に回収するときにはいくつかのクラスターが発生している事例がたびたび確認できたこと。これは海面上に、従来考えられていなかったスケールで収束しやすい箇所や散らばりやすい箇所が存在していることを意味します。この事例の研究を進めれば、漂流物が特定の場所にたまるプロセスや、その解明のためにどこにポイントを置いて考察を深めるべきかなど、新たな科学的知見の拡充やその議論につながることが予想されます。

観測点を増やすことは広い範囲のデータを取得するだけでなく、狭い範囲で起きる事象を詳細に知ることにも真価を発揮します。ひいては、既に知られた事実についてもさらに踏み込んだ議論ができるようになると期待されます。「観測点を増やす」という取り組み方は、今後の海洋学の中でも注目されていくでしょう。誰にでも扱える小型の観測ツールは、未知な事項も多い海洋学を紐解く推進力になる可能性を秘めているのです。

■誰もが海洋観測をすることの意義

誰もが海洋観測をすることの意義は何でしょうか。

「自分で環境を測ってみる」ことは、環境に対して興味を持つことにつながります。とにかく一度自分の手で実際に観測してみる。そして「実は今、海がすごく汚れている」「今日この海域はこんなコンディションだった」といった実感を伴って得られた発見や気づきが、興味につながります。こうして育まれる興味は、環境保全に対して実効性のある具体的な行動に結びついていくのではないでしょうか。

また、普段からデータを見慣れていれば、災害が起きた時の状況を客観的に理解し、適切な行動を選択することにもつながります。そのため、誰もが海洋観測に携わることは社会の海洋リテラシーを向上し、私たちにとって重要な海洋を保全し、利活用を持続的に進めていくにあたって非常に重要だと考えられます。

誰もが観測できるだけでなく、誰もが観測したいと思える状態を実現するために、今回の観測ツールを発展させていく余地はまだまだあります。スマートフォンと連携しデータを処理して可視化する技術を導入すれば、より多くの人が関わるようになるでしょう。付近で実施された観測との比較ができるようになれば、そこから新たな交流が生まれるかもしれません。「自分の名前をつけた観測ブイを大海原に漂流させる」という、漠然としていますが、海のロマンを感じさせるようなことができる社会も近づいています。

質問コーナー

・「海」に関心を持ったきっかけは何ですか？

日本には世界有数の黒潮という海流があり、風力発電のように海流発電する可能性があることを知って関心を持ちました。

・先生にとっての「海」とは？研究を通して海に対する認識が変わったことはありますか？

海は真剣勝負の場所であり、元気をもらえる場所です。「世界の海流」のように、知られていることも多くありますが、まだまだ知られていないことがたくさんあると強く感じるようになりました。

・研究生活の中でのエピソードがあれば教えてください。

北極航海に参加した時にオーロラを見ることができました。なぜか見た瞬間に幸運に恵まれる直感を得ました。実際、その航海では非常に貴重なデータが得られました。普段、科学を相手にしていますが、「感覚」も人間にはいつまでも重要なのではないかと思います。

・中学生・高校生に向けたメッセージをお願いします。

可能性は無限大です。ぜひ、楽しい学生生活を送ってください！

さらに詳しく知りたい方へ

●書名：**海洋の物理学（現代地球科学入門シリーズ）**
著者：花輪公雄
出版社：共立出版
出版年：２０１７年

●書名：**ウインド・ストラテジー：セーラーのための「風」がよめるようになる本**
著者：デイビッド ホートン・フィオナ キャンベル
訳・監修：斉藤愛子・岡本治朗
出版社：舵社
出版年：２００８年

COLUMN ⑧

コリオリ力の不思議

国立極地研究所 国際北極環境研究センター
（前 東京大学大学院教育学研究科附属海洋教育センター）
丹羽淑博

07章の川口先生、08章の小平先生、09章の日比谷先生の研究分野は海洋物理学と呼ばれます。海洋中の流れを調べる学問で、大気の流れを扱う気象学の海洋版といえます。実際、海洋と大気の流れはよく似ており、共に地球自転によるコリオリ力の影響を強く受けています。コリオリ力は運動する物体の運動方向を曲げようとする力で転向力とも呼ばれます。皆さんも名前ぐらい聞いたことがあるかもしれません。

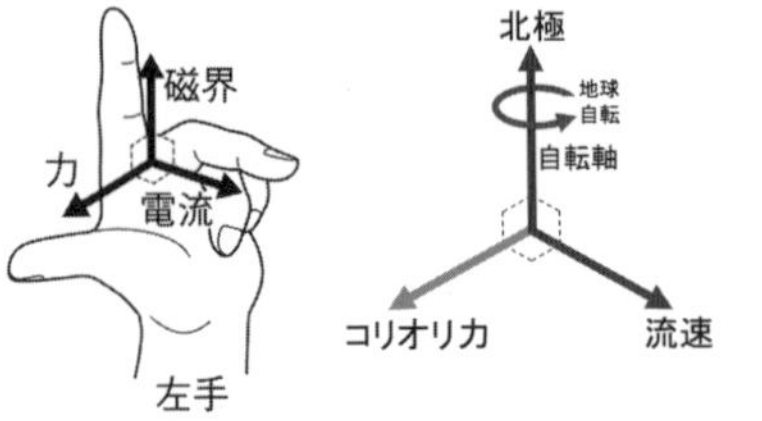

図１　電磁力のフレミングの左手の法則（左）とコリオリ力（右）との対応

このコリオリ力ですが、中学2年理科で学ぶフレミングの左手の法則と同じ性質を持っています。磁界の方向（人差し指）を回転軸の方向、電流の方向（中指）を流れの方向に対応させると、電磁力の方向（親指）にコリオリ力がはたらきます。地球自転の場合、回転軸は北極の方向を向きます。北半球ではコリオリ力は流れに対して直角右方向にはたらきます。一方、南半球では北極は地面の下側にあるため（人差し指を下に向けた状態）コリオリ力は流れに対して左方向にはたらきます。

地球上のコリオリ力を目に見える形に示すものにフーコーの振り子があります。何時間もゆれ続ける巨大な振り子で、近くの科学館にあるかもしれません。北半球では振り子のゆれに対しコリオリ力が常に右向きにはたらくため、振り子が時計回りにゆっくり回転します。フーコーの振り子と同じく、海洋中にもコリオリ力によって流れの方向が回転する流れが生じます。これを慣性振動といいます。07章で川口先生が述べているように、慣性振動は海洋上を大気擾乱が通過すると励起されます。09章の日比谷先生の記事にある円盤状の流れも、この慣性振動に対応します。

コリオリ力は黒潮のような大規模な海洋の流れにも支配的な影響を及ぼします。通常、流れは水面が高いところから低いところに流れますが、海洋中の大規模な流れは、水面が高いところから低いところに向かう力（圧力傾度力）とコリオリ力がバランスした状態で流れます（図2左）。

COLUMN ⑧

コリオリ力の不思議

このような流れを地衡流と呼びます。この地衡流バランスによって海流は水面の高さが等しい等高線に沿って流れます。北半球では水面が高い方を右側に見て流れます。

現在は人工衛星によって海面の高さが観測されており、その観測データを数値シミュレーションに組み入れて海流予測が行われています。動画検索サイトで「黒潮、海面高度、数値予測」と検索すると、海面高度に沿って流れる海流予測の結果を見ることができます。

その他にも、コリオリ力は不思議な流れを引き起こします。海上を一定方向に風が吹き続けるとエクマン螺旋と呼ばれる、深さ方向に流れの向きが螺旋状に変化する流れが生じます。紙の束の上を円を描くようになぞると紙がらせん状にずれていくのと似ています。このエクマン螺旋を鉛直方向に足し合わせると、海水は全体として風下側ではなく北半球では直角右向きに輸送されます。これは風の力とコリオリ力がバランスするように海水の輸送が生じるためで、これをエクマン輸送と呼びます（図2右）。

北太平洋には中緯度帯を西風の偏西風、低緯度帯を東風の貿易風が吹いており、これらの風によって南向きと北向きのエクマン輸送が生じます。黒潮などの地衡流を生み出す海面高度の盛り上がりは、このエクマン輸送が集まることによって維持されています。北太平洋の中央部に太平洋ごみベルトと呼ばれる海面を漂う海ごみが集積する海域がありますが、これもエクマン輸送が集まることによって形成されています。このようにコリオリ力は、海の流れをコントロールするだけでなく海の環境問題にも大きな影響を及ぼしているのです。

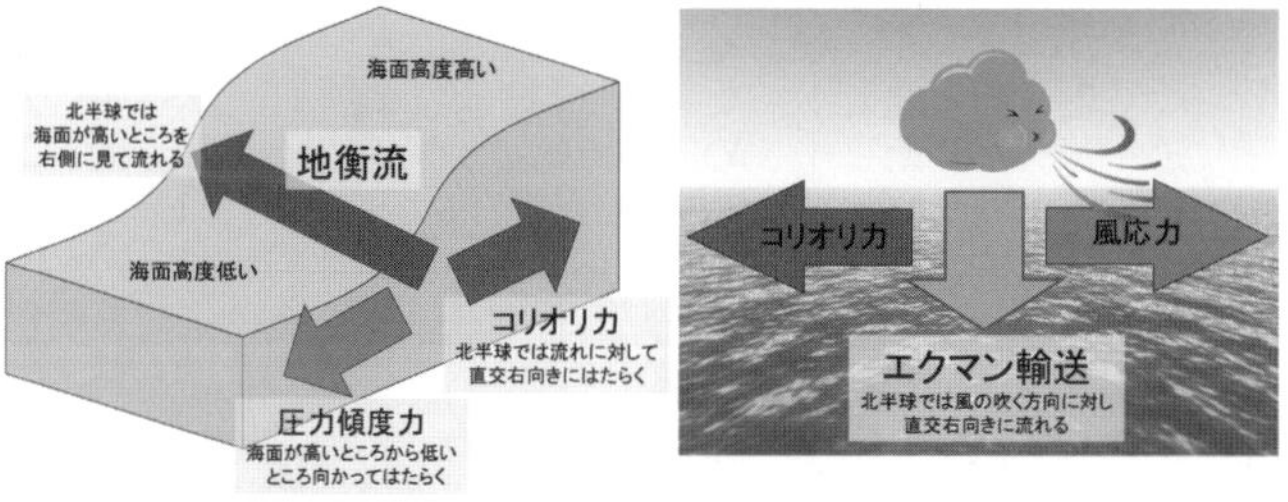

図２（左）コリオリ力と圧力傾度力がバランスして生じる地衡流（右）コリオリ力と風応力がバランスして生じるエクマン輸送

#09 気候変動の鍵を握る深層海洋循環の謎への挑戦

東京大学大学院理学系研究科　地球惑星科学専攻
日比谷紀之
取材・構成 橋本裕美子

■地球のエアコンの役割を担う深海の流れ

一般的に海流というと、海洋表層を水平方向に流れる帯状の海水の流れを指します。海面を吹く風の働きによって生じるため「風成《ふうせい》循環」とも呼ばれ、黒潮などの暖流や親潮などの寒流に大別されます。流れているのは海面から深さ1000メートルほどの範囲です。

海水の流れにはもう一つ、「熱塩《ねつえん》循環」があります。熱塩循環は、水深1000メートルよりも深い深層を流れているため、別名を「深層海洋循環」といいます。風成循環が水平方向の循環であるのに対して、深層海洋循環は鉛直方向の循環であることがその特徴です。

水は冷えると収縮して、単位体積当たりの質量、つまり密度が増して沈んでいきます。冬場、時間の経ったお風呂に入る時、浴槽の下の方のお湯が冷たく感じるのはそのためです。また、海水が冷却されて海氷ができるときには、海氷中の塩分を可能な限り排出するため、周囲の海水の塩分濃度が高くなります。塩分濃度が高いほど海水は重くなり、やはり沈んでいきます。このように北大西洋や南大洋（南極海）といった高緯度の寒冷域で強く冷却された海水は、水深数千ｍの海の底深くまで鉛直方向に沈み込むのです。沈み込んだ海水は深層水として世界の海底を這うように流れ、やがてインド洋・北太平洋で上層に湧き上がり、そしてま

#09
気候変動の鍵を握る深層海洋循環の謎への挑戦

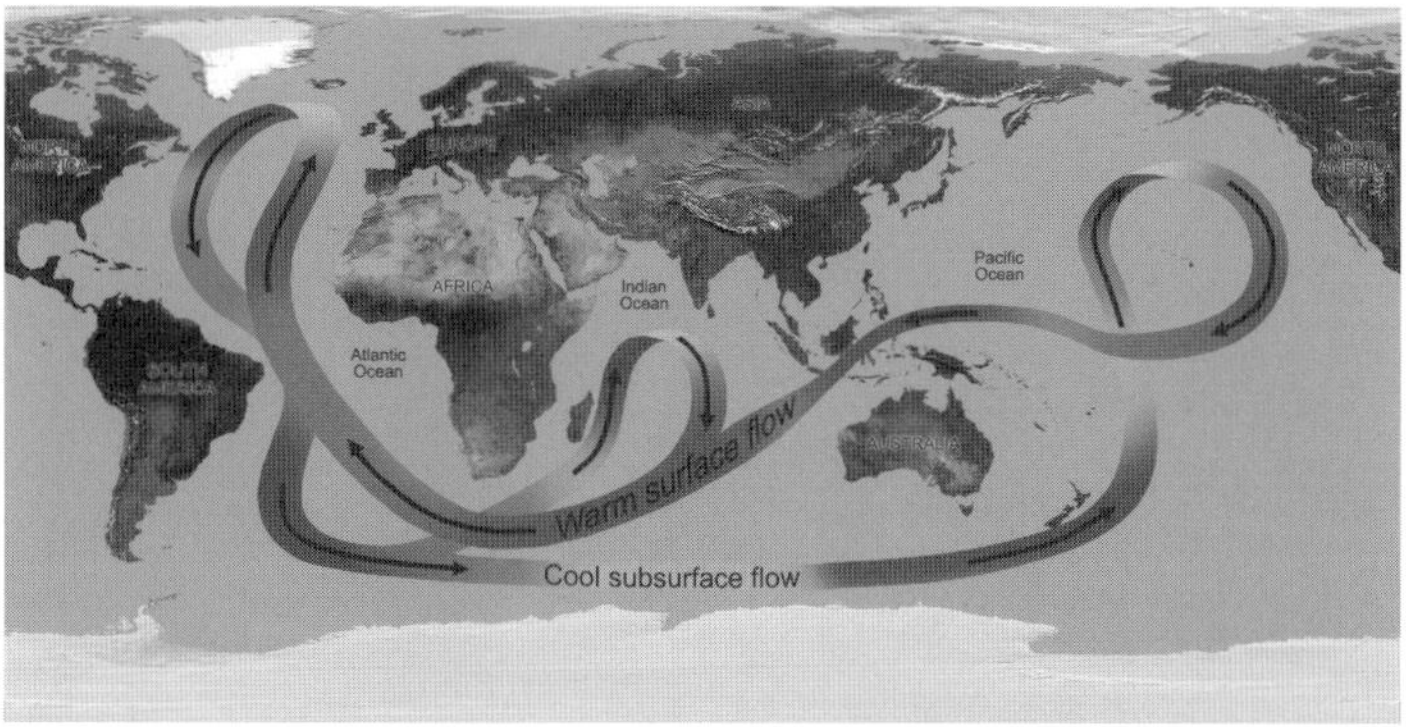

図 9.1　深海をめぐる海流の模式図（ブロッカーのコンベアベルト）
（出典：https://www.aoml.noaa.gov/news/tag/meridional-overturning-circulation/）

た北太平洋の高緯度域へと戻っていきます。

　これを模式的に表したのが、教科書などでも見かけるブロッカーのコンベアベルト（提唱者：ウォーレンス・ブロッカー）です（図9・1）。深層海洋循環は10～20km／年というとてもゆっくりとした速度で、複雑な経路をたどりながら全球を巡ります。一巡するのに要する時間は推定約2000年。今、北太平洋で湧き上がっている海水は、キリストが生まれた頃に沈み込んだ海水だと考えると、その悠久の流れを少しは感じられるかもしれません。

　このように、高緯度域の冷たい海水を低緯度域へ運び、低緯度域の温かい海水を高緯度域へ運ぶ深層海洋循環は、地球の温和な気候を保つエアコンのような役割を果たしていると考えられています。この循環が停止してしまうと、例えば世界的に5℃以上の気温変化がもたらされるばかりか、海洋生物生産にも大きな影響が及ぶと予測されています。

■深層海洋循環の駆動の鍵は月と乱流

深層海洋循環は、現在の地球の温和な気候の実現に一役買うとともに、数百～数千年の時間スケールで起こる気候変動の鍵を握っています。しかしこの存在が明らかになってきたのは1960年代以降のことで、その実態の多くは未だ謎に包まれています。

深層への海水の沈み込みは、北大西洋のグリーンランド沖および南極周りのウェッデル海やロス海をはじめとする数海域に限られています。こうした地点では、1秒間に2000万トン、つまり東京ドーム16杯分もの海水が毎秒沈み込んでいるとされます。そうすると、この海洋循環を維持するためには、どこかで同じ量の海水が深層から表層に湧き上がらなければなりません。

冷え切った深層水を上昇させるには、何かしらの浮力が必要です。私たちの研究グループでは、この浮力源として「乱流」というミクロな現象に注目しました。乱流が表層からの熱を下方に伝え、深層水を温めて浮力を与えることで鉛直に引き上げる役割を担っていると考え、理論と観測の両面からこのメカニズムの解明に取り組んでいます。

そもそも乱流とは、流体の不規則な流れのことです。自然界での乱流としては、強風によって高山の下流側に発生する乱気流がよく知られています。海洋中では、月の引力によって約12時間周期で行ったり来たりする海水の流れ、潮汐流が起きており、この潮汐流が高い海嶺や海山に衝突することで、多数の乱流が生じているのです。

もし月が地球の周りからなくなると、潮汐流が弱まってしまうので乱流は生じません。乱流の効果が弱まるとやがて深層海洋循環は止まってしまうことを考えれば、地球に現在の温和な気候をもたらしている深層海洋循環は、実は「月」によってコントロールされているといえるでしょう。

■乱流が発生するかどうかの鍵は緯度

上述したように、高い海嶺や海山のある場所に強い乱流場（乱流ホットスポット）が形成されることが推察されるわけですが、研究を進めるうちに、緯度30度よりも高緯度側では、潮汐流が高い海嶺や海山に衝突してもその下流側で乱流は強くならないという不思議なことが分かってきました。これは、北緯28度に位置するハワイ海嶺と北緯49度のアリューシャン海嶺を対象として周辺海域を含めた内部波の数値シミュレーションを行うことで理論的に明らかになりました。

内部波とは海の中の波のことです。海の中で外部から何らかの力が与えられると、軽い海水と重い海水の間に波（内部波）ができます。海洋中で最も普遍的に観測される内部波が、海嶺や海山などに潮汐流が衝突して発生する「内部潮汐波」なのです。

内部波には、注目すべき特徴があります。それは「内部波が存在できる最大周期は、緯度に応じて決まっている」というものです。北極や南極で存在できる内部波の最大周期は12時間、緯度50度では17時間、緯度30度では24時間、赤道では無限大です。それぞれの緯度において最大周期を持つ内部波を、特に「近慣性内部波」と呼びます。近慣性内部波はＵＦＯのような平べったい円盤状の水平方向の流れを持ち、その周りに強い乱流場を引き起こします。

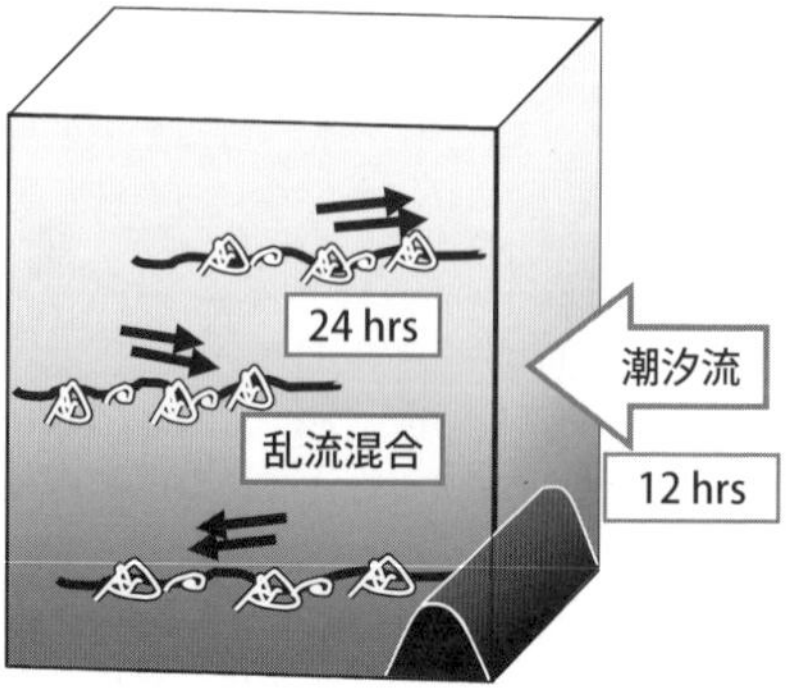

図 9.2　緯度 30 度付近での円盤状の流れとその周囲における強い乱流の励起

この数値シミュレーションでは、北緯28度付近にあるハワイ海嶺に12時間周期の潮汐流を衝突させました（図9・2）。すると、その下流側の海域一帯で水平方向に20〜30キロメートル・鉛直方向に20メートルほどもある24時間周期の近慣性内部波が引き起こされ、その周りで乱流ホットスポットが形成されることが分かってきました（図9・3右）。12時間周期のエネルギーを与えて24時間周期の波が強まることは、一見、不思議に感じるかもしれません。これはブランコを1周漕ぐ間に2度スクワットをして外力をかけることで、ブランコの揺れ幅をだんだん大きくしていくのと同じメカニズムだと考えるとイメージしやすいでしょう。

ところが、アリューシャン海嶺付近では、同じく12時間周期の潮汐流を衝突させても、その下流側で乱流が活発化することはありません。アリューシャン海嶺が位置する北緯49度付近で存在できる内部波の最大周期は14〜15時間ほどのため、いくら潮汐流のエネルギーを与えても、その下流側で24時間周期の内部波が現れることはないのです。この結果として、乱流ホットスポットも形成されませんでした（図9・3左）。

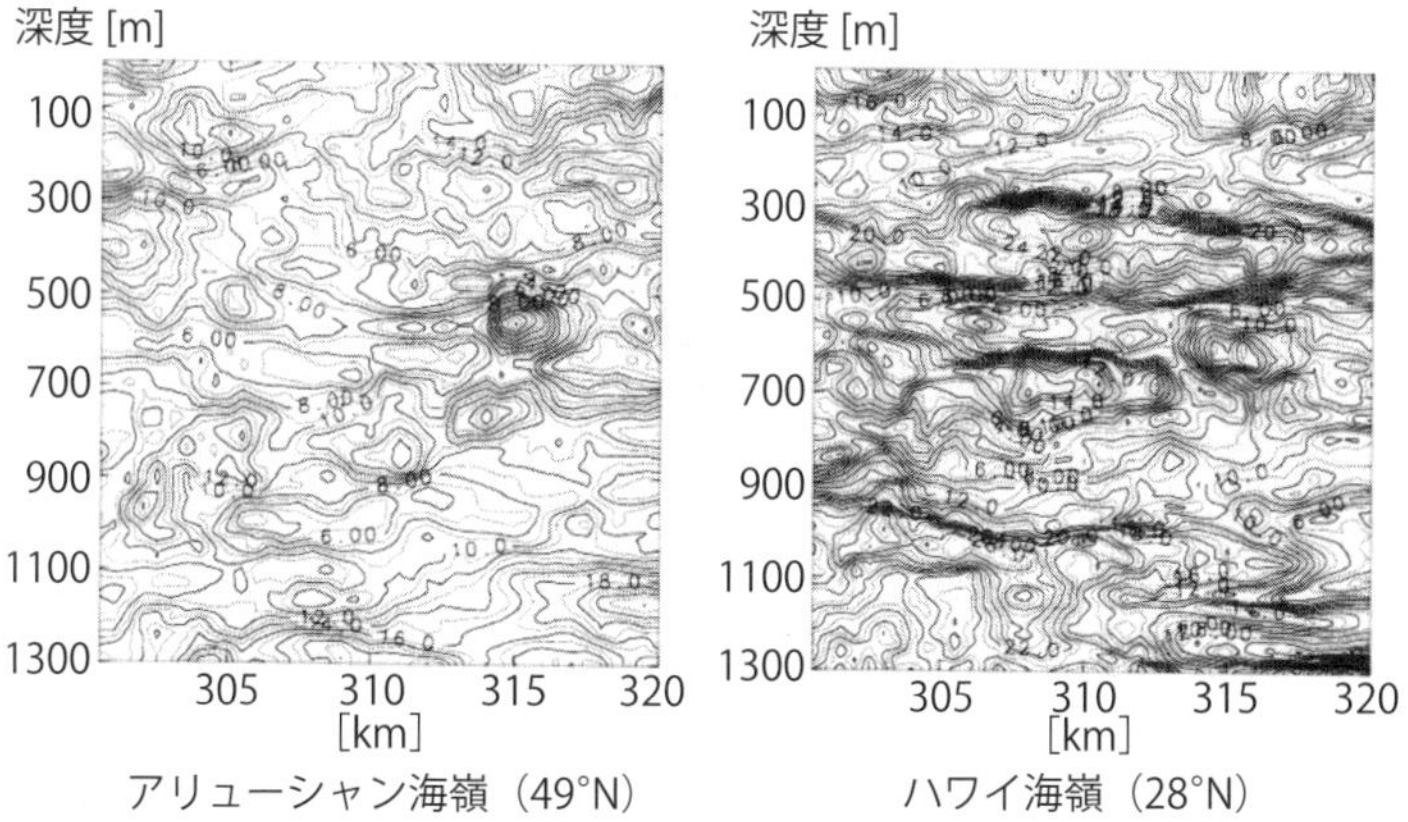

図 9.3　計算開始から 10 慣性周期後の中・深層における水平流速分布

■理論的な予測を観測結果が証明した

日本にまだ深海乱流計がなかった1990年代、私たちは上述した数値シミュレーションの結果を基に、深さ2000メートルまで計測できる投下式流速計（XCP）を太平洋、インド洋、大西洋の広範囲にわたって約700台投入して観測を行いました。このXCPでは乱流強度の直接計測はできませんが、円盤状の水平方向の流れを持つ近慣性内部波ならば検知できます。近慣性内部波は強い乱流の発生とリンクしているので、その情報から間接的に乱流強度を推定することができるのです。

XCPでの観測結果は、理論的な予測通り、特定の緯度帯で乱流強度が強くなることを見事に実証するものでした（図9・4）。アリューシャン海嶺付近（北緯50度付近）では乱流強度が小さいのに対して、ハワイ海嶺や伊豆半島から南東方向に連なる伊豆小笠原海嶺付近（北緯30度付近）では 1cm^2/s よりもはるかに大きな乱流強度が得られることを明らかにしました。

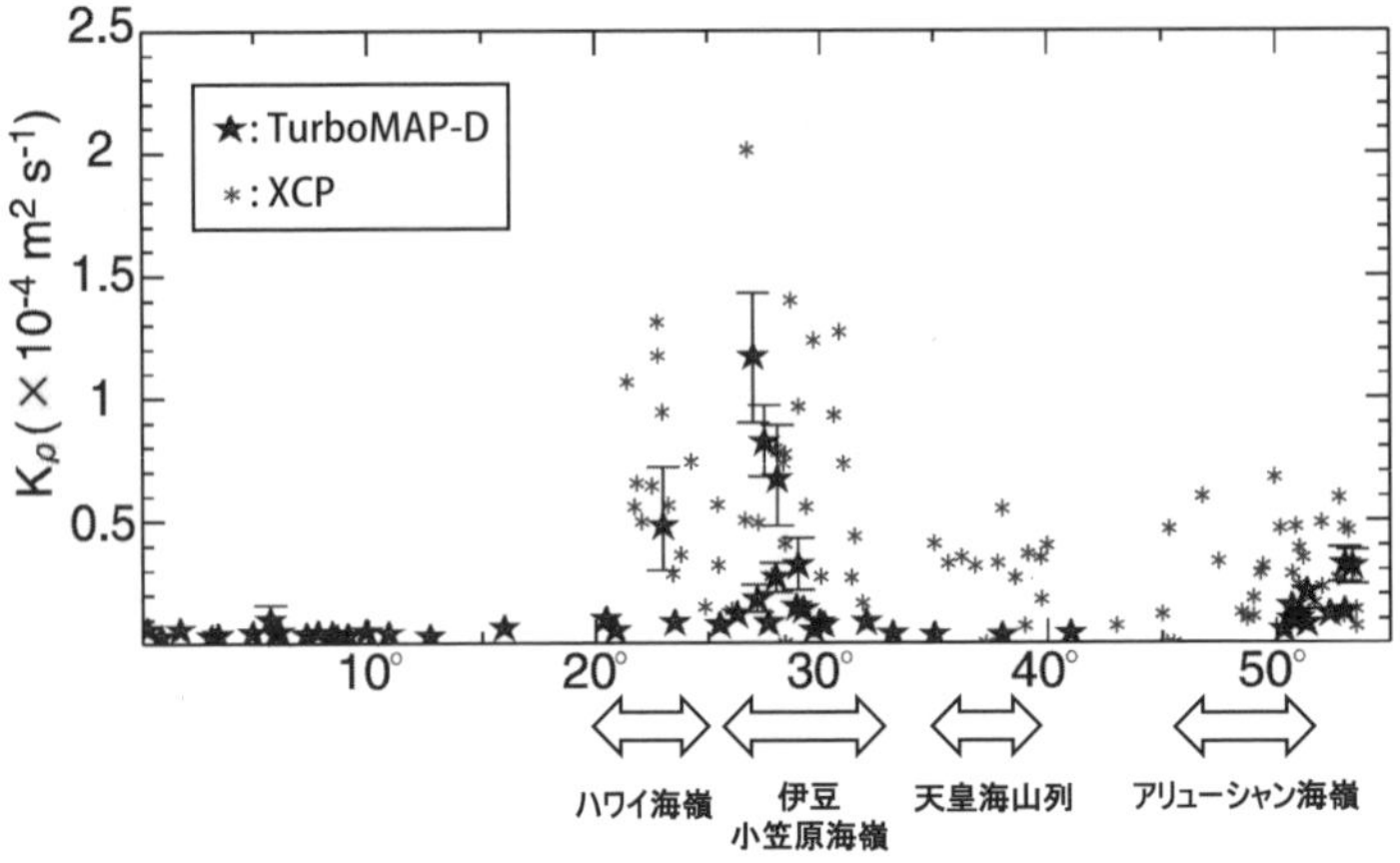

図 9.4　乱流混合強度の緯度分布

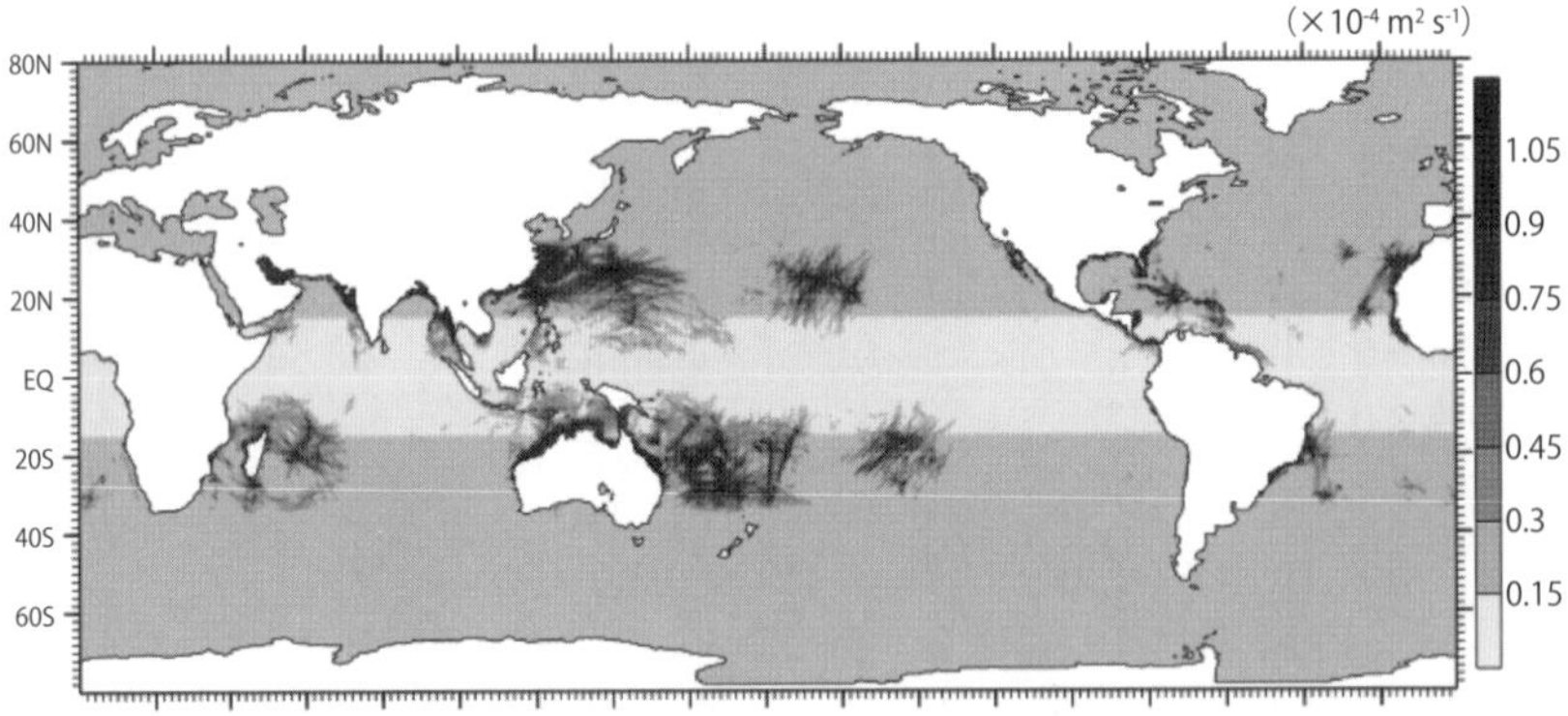

図 9.5　乱流混合強度のグローバルマップ（口絵 15 参照）

図 9.6　深層海洋循環の現代版模式図

（出典：Marshall, J., Speer, K. Closure of the meridional overturning circulation through Southern Ocean upwelling. Nature Geosci 5, 171–180 (2012). https://doi.org/10.1038/ngeo1391）

このＸＣＰ観測の数年後には、国内企業と共同開発した深さ２０００メートルまでの乱流を直接観測できる日本初の国産乱流計 TurboMap-D が完成しました。私たちはこれを用いて北太平洋を中心としたさまざまな海域で乱流観測を重ね、その結果を基に、海洋の中深層における乱流強度のグローバルマップを作成しました（図９・５）。このマップでは、緯度20～30度の海嶺や海山の周囲に集中して乱流ホットスポットが形成されていることが明瞭に示されています。これは、乱流ホットスポットの発生が緯度に依存するという数値シミュレーションによる予測を実証する成果であるとともに、世界初の中深層における乱流強度グローバルマップとして、国際的にも注目を集めました。

■残る乱流強度不足問題（Missing Mixing 問題）

図９・６は、深層海洋循環の現代版模式図です。ブロッカーのコンベアベルト（図９・１）と比べると、はるかに詳しく流れの実態が明らかになってきました。しかし、これにはまだ中深層における乱流強度と緯度の関係性は組み込まれていません。

さらに、今までに明らかにされた乱流ホットスポットの効果を全て足し合わせても、毎秒2000万トン沈み込む深層水を全て表層に引き上げることができないという「Missing Mixing 問題」も残されたままです。まだ見逃している乱流ホットスポットがあるのかもしれません。

現在、この乱流強度不足を補う候補の一つとして、南大洋が注目されています。南大洋は潮汐流の弱い海域として知られていますが、世界中の風成循環の中で唯一、陸地に遮られない「南極周極流」が南極大陸を取り囲むように流れており、その流量は地球上の風成循環で最大量を誇ります。そして通常の風成循環とは異なり、南極周極流だけは水深4000～5000メートルの海底にまでその流れが及んでいます。

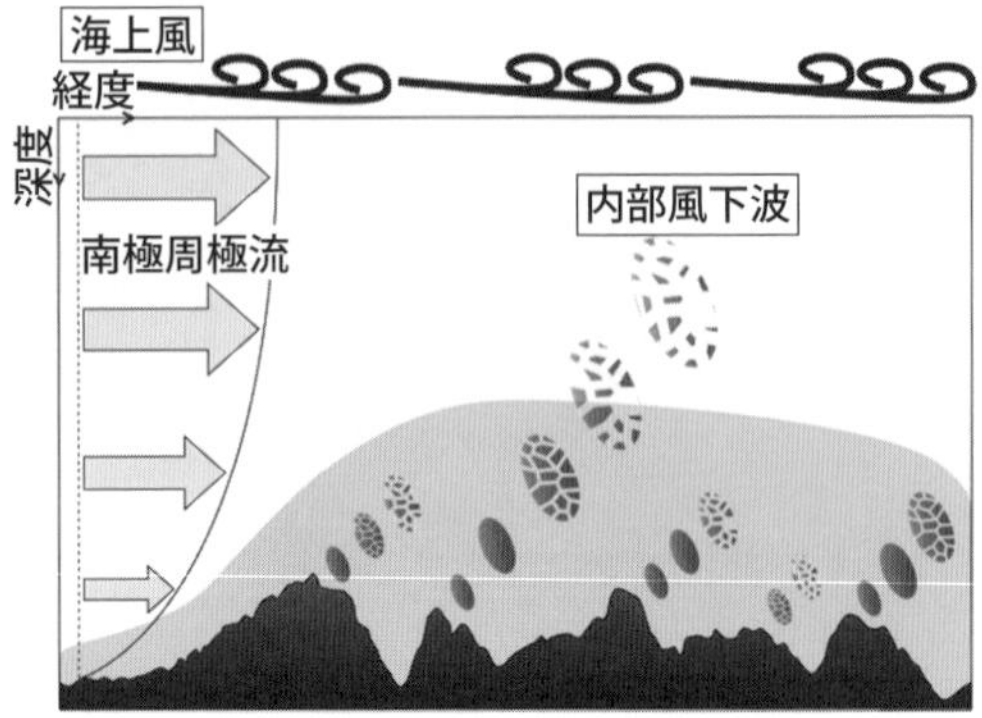

図 9.7　南大洋における乱流混合

私たちは、南極周極流がこの海域に存在する粗い海底凸凹地形に衝突することで、内部潮汐波と比べてはるかに速いスピードで鉛直上方に伝わっていく別の内部波(内部風下波)が引き起こされること、それに伴って、海底を起源とする「背の高い乱流ホットスポット」が形成されることを、数値シミュレーションで突き止めました(図9・7)。

一方、南大洋以外の海域においては、潮流が海底凸凹地形に衝突することで引き起こされるのは内部潮汐波であると暗黙のうちに仮定されてきました。これに疑問を持った私たちは南大洋以外の海域においても詳細な数値シミュレーションを行い、高い海嶺や海山の頂上付近に粗い海底凸凹地形が存在している場合には、増幅された潮流によって局所的に内部風下波が発生し得ることを明らかにしました（図9・8）。実際の海でも、南大洋と同じように、この内部風下波が海底から鉛直上方に「背の高い乱流ホットスポット」を形成し、水深1000~2000メートルの主密度躍層付近での乱流強度を高めて、深層海洋循環に大きな影響を与えている可能性があります（図9・9）。

現在、私たちは、従来全く見逃されてきたこれらの事実に注目することで、深層海洋循環において長い間ボトルネックとされてきたMissing Mixing問題への挑戦を続けています。

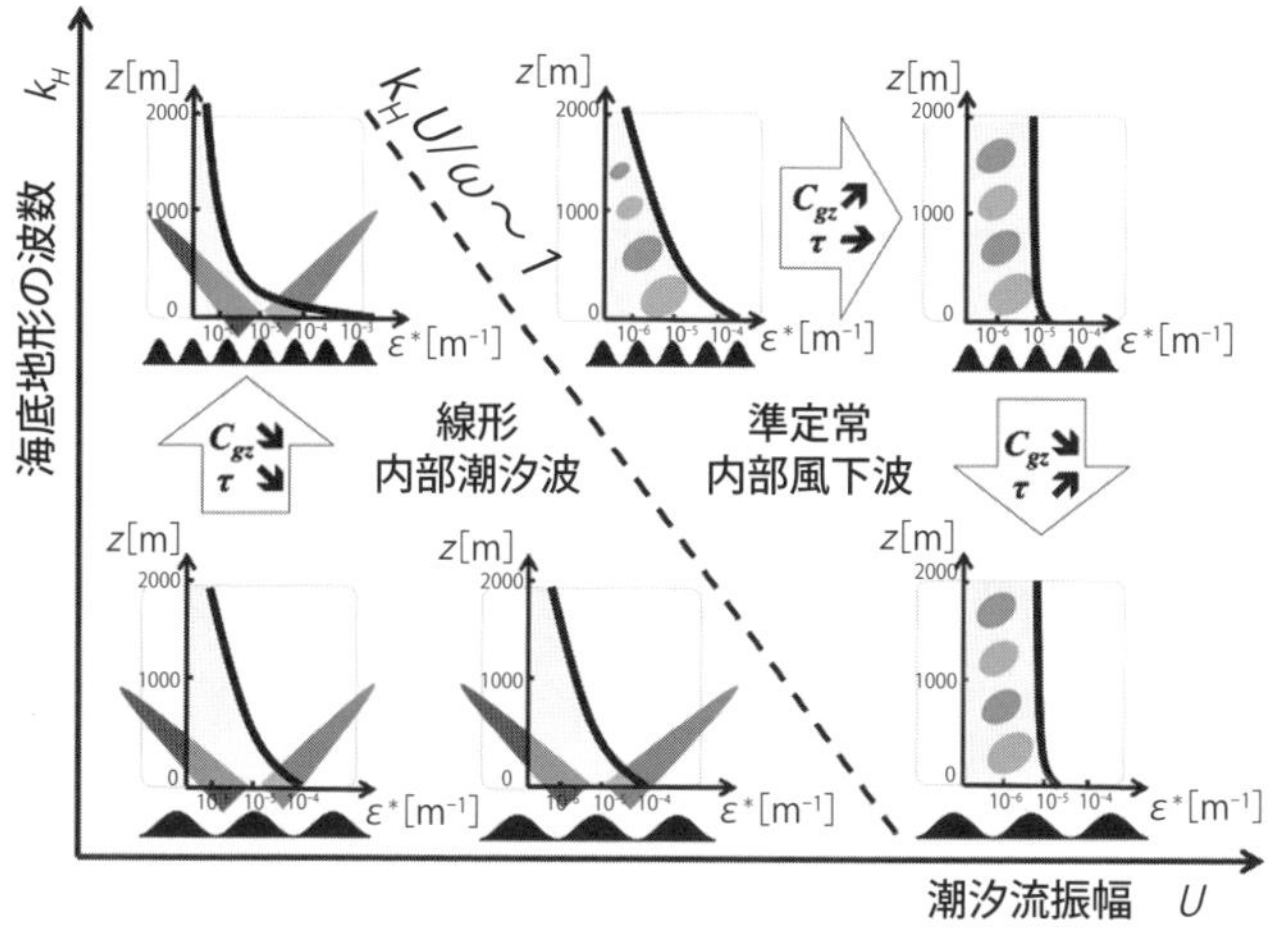

図 9.8　潮流により海底凸凹地形上で形成される乱流ホットスポットの鉛直構造とそのパラメータ依存性（口絵 16 参照）(Hibiya et al.,2017)

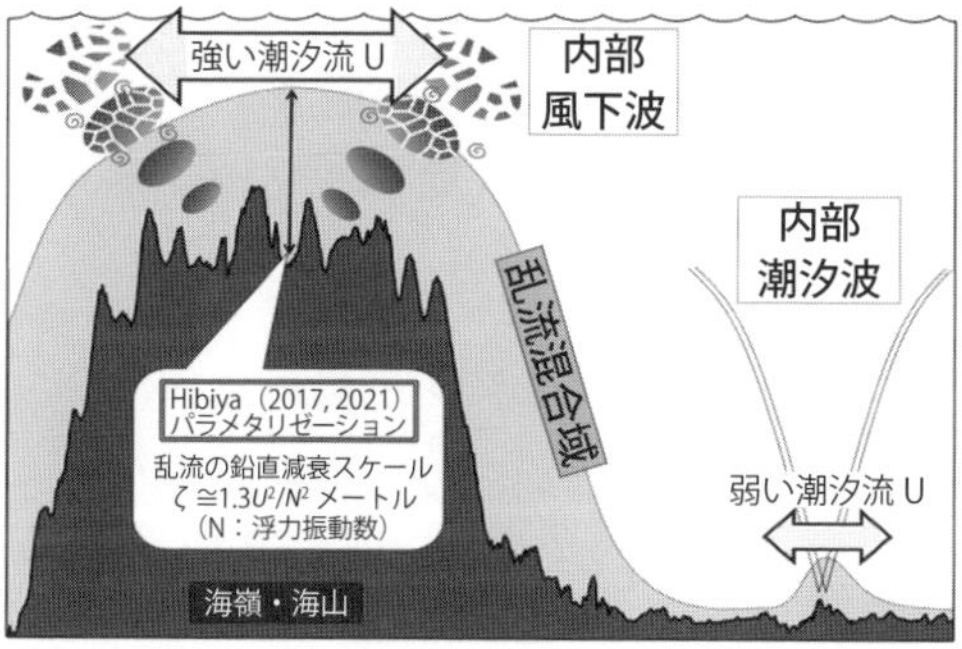

図 9.9　顕著な海嶺・海山の頂上付近における粗い海底凸凹地形上での乱流混合

質問コーナー

・「海」に関心を持ったきっかけは何ですか？

海に関心を持ったのは大学に入ってからです。東京大学の地球物理学科に入ってから、海洋に関する講義を聞いて、「あぁ深海は淀んだ世界じゃないんだ、また別の世界があるんだ」と、深海に広がっているロマンを感じました。学びを深める中で、深海はまだまだ未知の世界であることを知り、チャレンジのしがいがあると感じたのかもしれません。

・研究を通して「海」に対する認識が変わったことはありますか？

ひとたび環境を破壊してしまうと取り返しがつかないことを、研究を通してますます意識するようになりました。特に海洋環境に及んだ影響は、そのままずっと続いてしまいます。こうしたことから、海洋環境を守らなければならないという意識が自然と高まってきたように感じています。

・中学生・高校生に向けたメッセージをお願いします。

物理・生物・化学から海洋法まで、海に関わる分野はさまざまで、まさに総合科学の宝庫です。海を対象にした楽しい研究がたくさんあります。宇宙以上にロマンと魅力に溢れているこの海の世界に、皆さんが興味を持って関わってくれることを心から願っています。

さらに詳しく知りたい方へ

●日比谷紀之（２００９）、海洋の中・深層における鉛直拡散強度の全球分布に関する理論的・観測的研究（２００８年度日本海洋学会受賞記念論文）、海の研究、Vol.18, pp.115-134、
https://kaiyo-gakkai.jp/jos/uminokenkyu/vol18/18-2/KJ00005381490.pdf

●日比谷紀之（２０１０）、月が導く深海の流れ－地球を巡る海洋大循環の謎を解く－、Drama 理学部・研究者のキセキ、リガクル「東京大学理学部の今がわかる本」、日経ＢＰムック ,pp.62-63.

●日比谷紀之（２０１９）、深層海洋大循環と気候変動－未だ解明されない深海の謎－、世界平和研究、Vol.46, No.2, pp.14-27、
https://ippjapan.org/archives/1590

●日比谷紀之 教授 最終講義（2022/3/18）、『月と海底地形が織りなす深海乱流の世界』、東京大学大学院理学系研究科・理学部 YouTube チャンネル、
https://www.youtube.com/watch?v=3wYyJEORDwU

COLUMN ⑨

海洋データから深層海洋循環を見てみよう

国立極地研究所 国際北極環境研究センター
（前 東京大学大学院教育学研究科附属海洋教育センター）
丹羽淑博

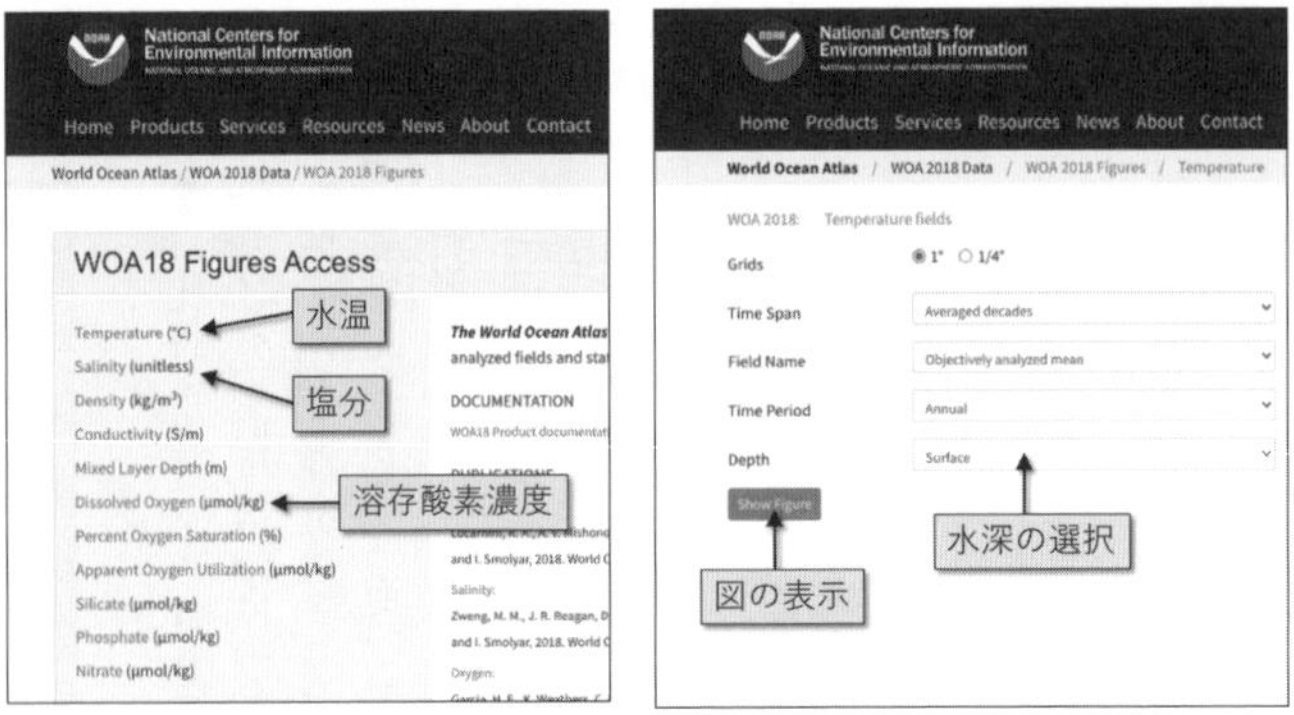

図１ World Ocean Atlas のホームページ（https://www.ncei.noaa.gov/access/world-ocean-atlas-2018f/）（左）分布図を表示させる物理量をリストから選択し、（右）水深を選択してから、図の表示をクリックする。

09章で日比谷先生が述べているように、海洋中には深層海洋循環と呼ばれる巨大な循環があります。高緯度域で深層に沈降した海水が世界中の海を１０００年以上かけて非常にゆっくりめぐる循環です。ここでは海洋データを使って実際に深層海洋循環の姿を見てみましょう。次のホームページにアクセスしてください。

「World Ocean Atlas」（世界海洋地図）
https://www.ncei.noaa.gov/access/world-ocean-atlas-2018f/

「world ocean atlas figure」と検索しても出てきます。ここでは海洋中の水温や塩分などの世界分布図が見られます。World Ocean Atlasとはアメリカ海洋大気庁（NOAA）が作成した海洋の気候値（長期間の時間平均値）データセットで、世界中でこれまで行われてきた観測データを集めて作られています。

はじめに水温の分布を見てみましょう。ホームページ左側のリストの中から「Temperature 温度」（図1左）をクリックし、移動したページの「Depth 水深」（図1右）から０（Surface）〜５５００メートルの間の水深を一つ選択してから「Show Figure 図の表示」（図1右）をクリックして

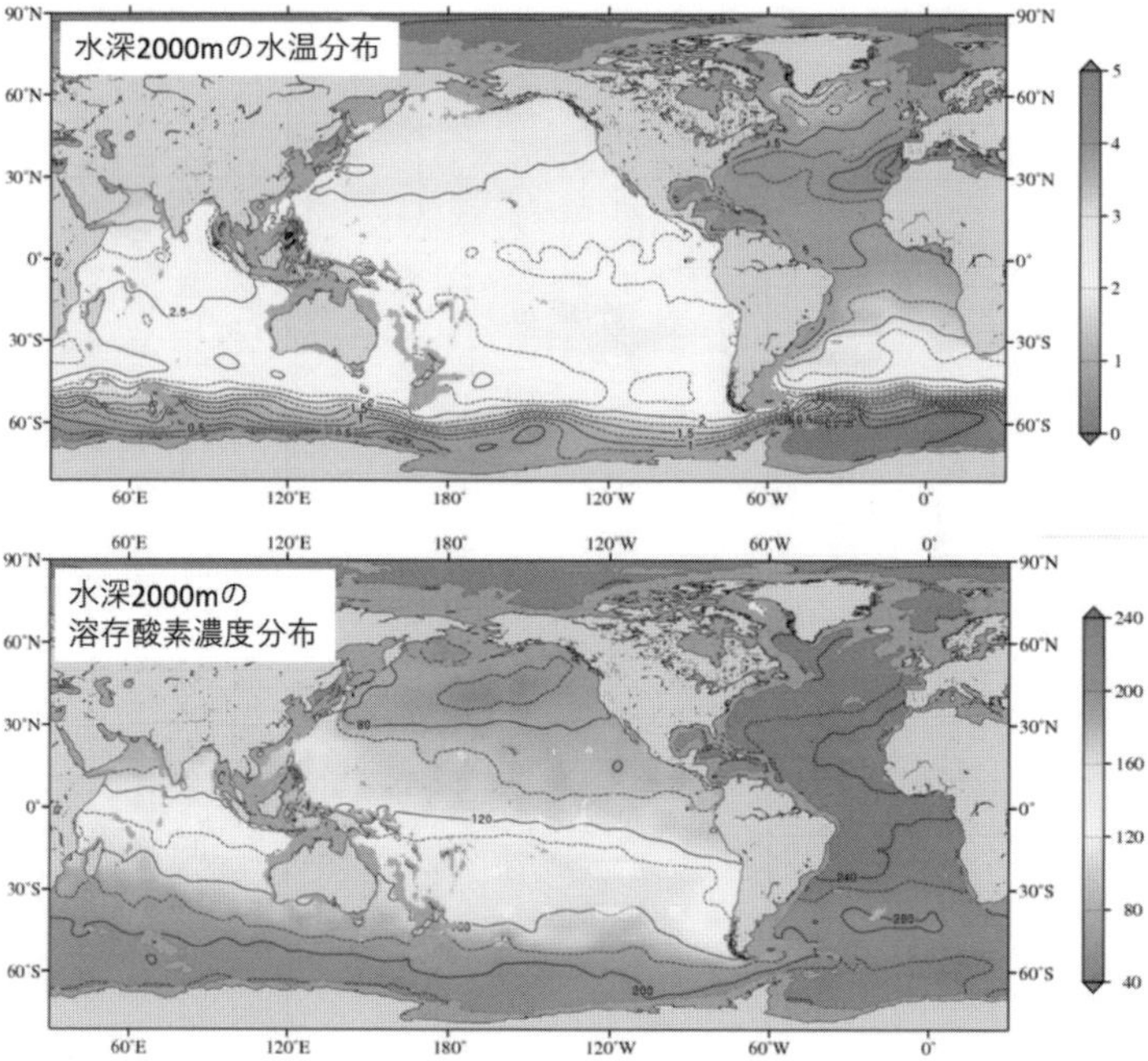

図２　水深 2000 メートルにおける水温（上）と溶存酸素濃度（下）の水平分布

ください。そうすると選択した水深における水温の全球分布が表示されます」

つぎに水温が深さ方向にどのように変化するか調べてみましょう。そのために、大洋の中央部の1カ所どこか決めて、その場所の水温を近くを通る等値線のラベルやカラーバーから読み取って水深と一緒に記録してください。この作業を海面から水深１０００メートルまでは２００メートルごとに、水深１０００メートル以上では１０００メートルごとに水深を変えて行ってください。得られた水温と水深のデータをグラフにすると水温の鉛直分布が分かります。この水温の鉛直分布を見ると、①海表面から水深１０００メートルぐらいまで水温が急速に低下すること、②水深１０００メートルよりも深いところでは水温の変化が小さいことが分かると思います。海洋物理学ではこのように海洋を二つの層に分けて考え、①と②の層をそれぞれ「表層海洋」、「深層海洋」と呼んで

COLUMN ⑨

います。

水深1000メートル以深の深層海洋の水温分布（図2下）を見ると、水温が数℃以下の非常に冷たい海水が全体にわたって分布していることが分かります。海面では水温が30℃近くになる熱帯域でも1000メートル潜れば極域で見られるような数℃以下の冷たい海水が広がっています。このことは高緯度域で沈み込んだ冷たい海水が深層海洋循環に流されて低緯度域にまで広がっていることを示しています。

深層海洋循環が流れる様子をもっと詳しく見てみましょう。そのためにホームページのリストから「Dissolved Oxygen 溶存酸素濃度」（図1左）を選択してください。深層水の溶存酸素濃度は、その深層水が海面から沈降してからどれだけ時間が経過したか（これを海水年齢と呼びます）を表す指標になっています。海水中の酸素は海面で大気から取り込まれ、深層に沈んだ後は生物の呼吸によって徐々に消費されるためです。深層海洋循環は、魚の飼育水槽のエアポンプのように深層海洋に酸素を送り込む大切な役割も担っているのです。ホームページから水深1000メートル以深の深層水の溶存酸素濃度の分布を見てみましょう（図2下）。溶存酸素濃度が北大西洋グリーンランドや南極大陸の周辺で高く、太平洋やインド洋の北端に行くほど低くなっていることが分かります。このことは世界中の深層水が大西洋のグリーンランドや南極大陸の周辺で形成され、大西洋を南に下り、南極海を右回りにまわって、太平洋やインド洋に向かって時間をかけて流れこんでいることを示しています。深層海洋循環の模式図（図9・1）は、このような観測の結果に基づいて描かれています。

ところで、深層海洋循環において深層水はなぜ太平洋ではなく大西洋で形成されるのでしょうか？それには塩分が重要な役割を担います。ホームページで「Salinity 塩分」の分布を見て、理由を考えてみてください。

#10

東京湾の生い立ちから地下構造を知り災害に備える

東京大学大学院　新領域創成科学研究科
自然環境学専攻
須貝俊彦
取材・構成　藤井友紀子

■現在の東京湾の地形

東京湾は、神奈川県、東京都、千葉県に囲まれた海域を指しています。東京湾の出口は神奈川県三浦半島の剱崎（三浦市）と千葉県の房総半島の洲崎（館山市）を結んだ線です。東京湾の大きさは、南西に約30キロメートル、南北に約80キロメートルあり、鶴見川、多摩川、荒川、江戸川などの河川が流れ込んでいます。

沿岸には、干潟やアマモなどが生えている藻場があり、多様な生物が生息し、砂浜では潮干狩りや海水浴を楽しめ、憩いの場所となっています。一方で、横須賀港、横浜港、川崎港、東京港、千葉港、木更津港と大きな港があるため、貨物船やタンカーが1日に500隻以上行き交う水上の交通路でもあります。

東京湾をもう少し細かく見ていくと、内湾と外湾に分けられます。内湾は、神奈川県の観音崎と千葉県の富津岬を線で結んで、その北側にあたります。平均の水深は15メートル程度と比較的浅く河川から流れ込む土砂が多く、粘土質の泥などが堆積しています。また、観音崎と富津岬の距離が約7キロメートルと狭いため、太平洋からの海水が入りにくく、海水交換が少ないです。

外湾は、観音崎と富津岬の線から南側です。内湾の出口あたりから急激に水深の深い谷を刻んでいます。この谷は東京海底谷と呼ばれ、外湾の出口では水深500メートル以上にもなります。そして、東京湾を出ると深海へと続いていきます。

東京湾は特徴的な地形をしていますが、実は過去数十万年の間、その形を変えてきました。現在の海底の地形はその時の名残なのです。どんなストーリーがあったのか紹介していきましょう。

図 10.1　現在の東京湾です。神奈川県、東京都、千葉県に囲まれた海域で、神奈川県の三浦半島の剱崎と千葉県の房総半島の洲崎を結んだ線より北の湾を東京湾といいます。水深 15 メートルから 500 メートル以上の深さがあります。

図 10.2　有孔虫の写真です。この有孔虫の化石は「星砂」として売られていることがあります。（写真：photo AC）

■気候変動と古東京湾の地形

今の東京湾になる前を「古東京湾」といい、およそ40万〜50万年前に誕生したと考えられています。地形は、今と同じではありませんでした。

古東京湾は、海面の高さが現在よりも高く、海が陸の奥まで入り込んでいた時代がありました。逆に、海面の高さが現在よりも１２０メートルほど低く、古東京湾の海底が顔を出し、深い谷が刻まれていた時代もありました。

なぜそんなに地形を変えてきたのでしょうか？　大きな要因の一つが、寒い時代と暖かい時代の繰り返しという地球の気候変動です。

地球の過去の気候変動を知るために「有孔虫」という生き物を使うことがあります。有孔虫というのは「虫」ではありません。単細胞生物（原生生物）で、多くは大きさ1ミリメートルほどの小さな生き物で、世界中の海に生息しています。

有孔虫には殻を持つものがいます。殻は炭酸カルシウム（$CaCO_3$）を材料に作られていてとても丈夫で、殻を作った時の水温、塩分、栄養状態などが記録として残ります。さらに、丈夫な殻は、化石として残りやすいので、地層の中に残った有孔虫の殻に含まれる成分を調べれば、その時代の環境を知る手掛かりとなります。例えば、その有孔虫が生きていた時代が寒かったのか、暖かかったのかを知ることができます。

寒い時代は、海面の高さが低くなり、陸地が増えて海は引いていきます。暖かい時代には、海水が増えて海面の高さが高くなり、海が陸の奥の方まで入り込みます。このことが、古東京湾の地形を大きく変化させてきました。

■古東京湾の時代と移り行く姿

約40万年前の間氷期（氷期と氷期の間で暖かい時代）は、古東京湾が最も内陸まで進んでいった時代です。関東平野北西部の埼玉県行田市では、水深が20メートル以上あったと考えられています。

約15万年前の氷期（寒い時代）では、海面が大きく下がり、大きな河川は、東側の太平洋に流れていくものと、南側の東京湾へ流れていくものが存在しました。このときに、下流の海底面では深く大きな谷を刻みました。

約12万年前には、再び間氷期となり「下末吉海進」といって、約15万年前の氷期の海面の高さより１００メートル以上も高く、千葉県の北半分、茨城県の南半分、栃木県の南側、埼玉県の東側、東京都の東側、神奈川県の東側は全部海に沈んでいました。東側に開いた広い湾があり、海流が入り込んでいました。

関東平野はその前の氷期で刻まれた谷が海へ沈み、溺れ谷となりました。そして、この時期の堆積物が平坦面を作り、関東平野の原型ができ上がりました。

東京湾の生い立ちから地下構造を知り災害に備える

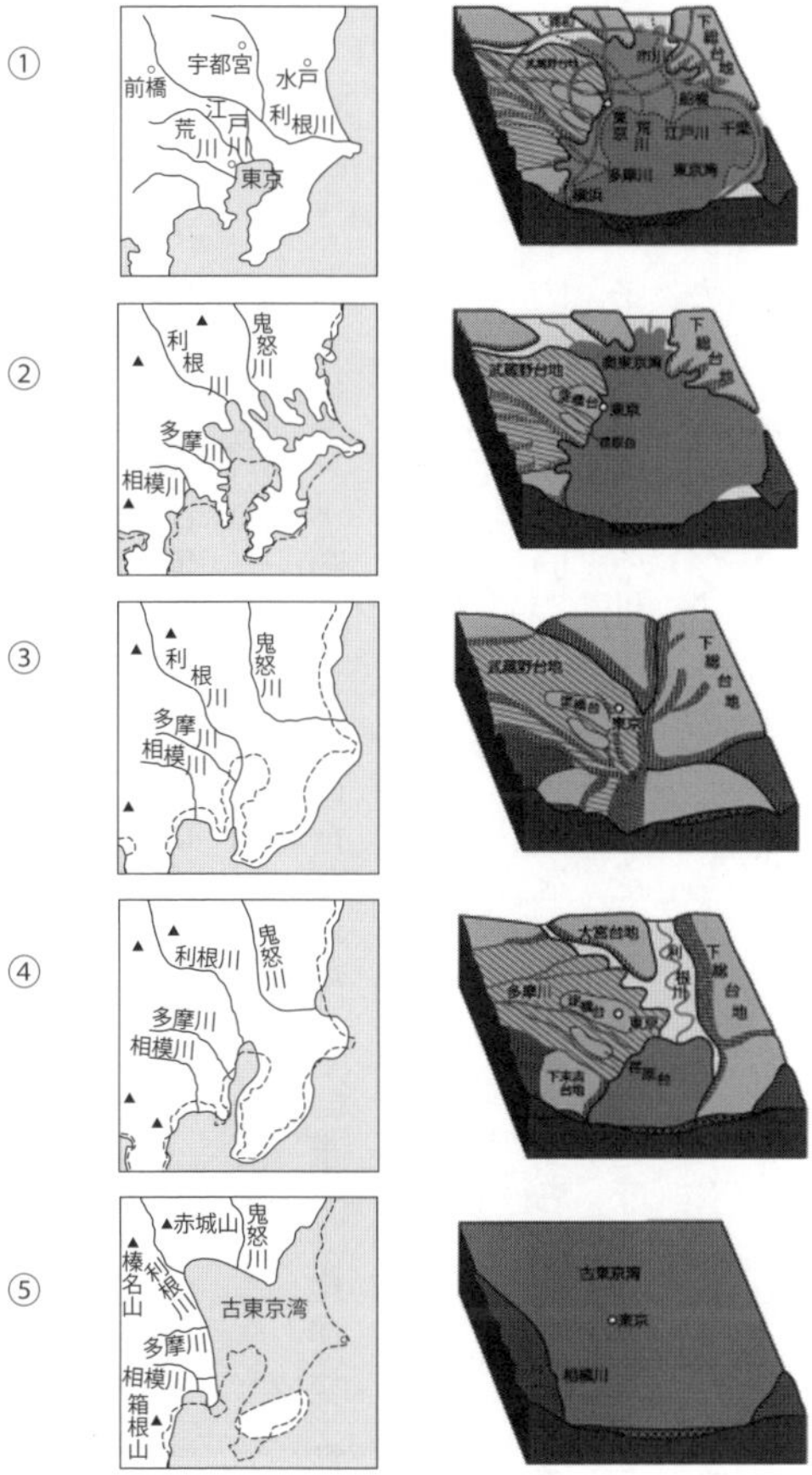

図10.3　古東京湾の時代ごとの変化です。(口絵17参照)
①現在の東京湾です。
②約6000年前の縄文海進です。貝塚跡から当時の海岸線が分かります。
③約2万年前。古東京湾のほとんどが陸地となり、古東京川が大きな谷を刻みました。
④約8～12万年前。武蔵野台地のもととなる扇状地が形成されました。
⑤約12万年前の下末吉海進。間氷期で海面の高さが現在より数メートル以上高く、東側に開いた広い湾でした。(貝塚爽平による)
(貝塚爽平「東京の自然史」講談社学術文庫をもとに作図)

約10万年前から約8万年前は氷期となったことから「陸化」時代になり、武蔵野台地のもととなる扇状地が形成されました。

約2万年前の最終氷期では、とても寒冷だったために、古東京湾の海底はほとんど陸地となり、多摩川、荒川、利根川などが合流した古東京川が大きな谷を刻みました。現在の深海へと続く東京海底谷はこの時に刻まれた谷なのです。

氷期が終わり約7000年前にピークを迎えた海進は「縄文海進」と呼ばれています。かつての海岸線沿いに住んでいた縄文人が、貝を食べた後に捨てた貝塚が残っていて、そのあたりが当時の海辺だったことが分かります。

■古東京湾の変化から関東の大地を見る

私たちの調査では、年代測定に火山灰を使うことも多いです。火山灰の多くは、いつの時代にどこで噴火したものかが分かっています。だから、特定の火山灰が含まれている地層があれば、その地層の年代がすぐに分かります。

関東なら、浅間山、榛名山、赤城山、箱根山などの噴火の歴史が指標になります。さらに、広域火山灰といって巨大噴火を起こした火山も指標になります。地層の年代が分かったら、その時どういう地形だったかを記録していきます。そして「どうやって谷が刻まれていったのか」「細かく刻まれた谷にどういうふうに土砂が入っていったのか」などを調べます。

関東の台地では、武蔵野台地や下総台地が日本でも最大級の台地として知られています。下総台地は、地盤の隆起と海面低下によって古東京湾が干上がってできましたが、武蔵野台地は、多摩川が作った扇状地です。扇状地はその後隆起して、台地となり、低地が刻まれました。

台地は、日当たりもよく水害も少ないです。低地は河川の周りや海岸線付近の低い土地で、もし河川の氾濫などがあると土砂が堆積します。一般に低地は水がたまりやすいので、水害発生のリスクや、地盤がゆるく地震の揺れが大きくなる傾向にあります。この差は、関東大震災の時には顕著でした。柔らかい地盤の低地では、震度6強の揺れがありました。一方で、古多摩川が運んできた砂利が敷き詰められて地盤がしっかりしているような武蔵野台地では、震度5くらいの揺れで済んだといいます。

■3D地形区分図で地下の地層を見る

古東京湾の生い立ちを調べ地下の構造が分かれば、洪水氾濫時の浸水域や地震時の地盤の弱さを知り、防災に役立てられます。そこで、地理的な位置の情報を分かりやすく視覚的に見られるように、これまで行われてきたボーリング調査などのデータを解析システムに取り込んで、3Dの地形区分図を作成しています。

ボーリング調査とは、建物や橋、堤防などを作るときに、その足元の地盤（基礎）を調査するもので、円柱状の筒を地面に刺して、その中に地下にある地層の試料をとってくるものです。採取された試料を見て、その土地の土質や強度などを調べます。マンションや住宅、人工物の多い都市部にはこうしたボーリング調査のデータが何万本とあるため、地下の構造をある程度把握することが可能です。

3D地形区分図は、今の地形から同じ種類の地層がたまっているところをはぎ取り、地層と地層の境界面を出します。すると時代ごとの地形がどんな姿をしていたのかを見ることができます。

縄文海進で溺れ谷になった場所で、たまった堆積物の一番底の部分まで取り除くと、その前の時代の河川が刻んだ谷の地形になります。あるいは、内湾にたまった泥の上に、氾濫した河川が土砂を運んできて、三角州や自然堤防などを作った地層であれば、そういう地層と内湾の泥の地層の境目をずっと調べていけば、海岸線の位置の変化も分かります。

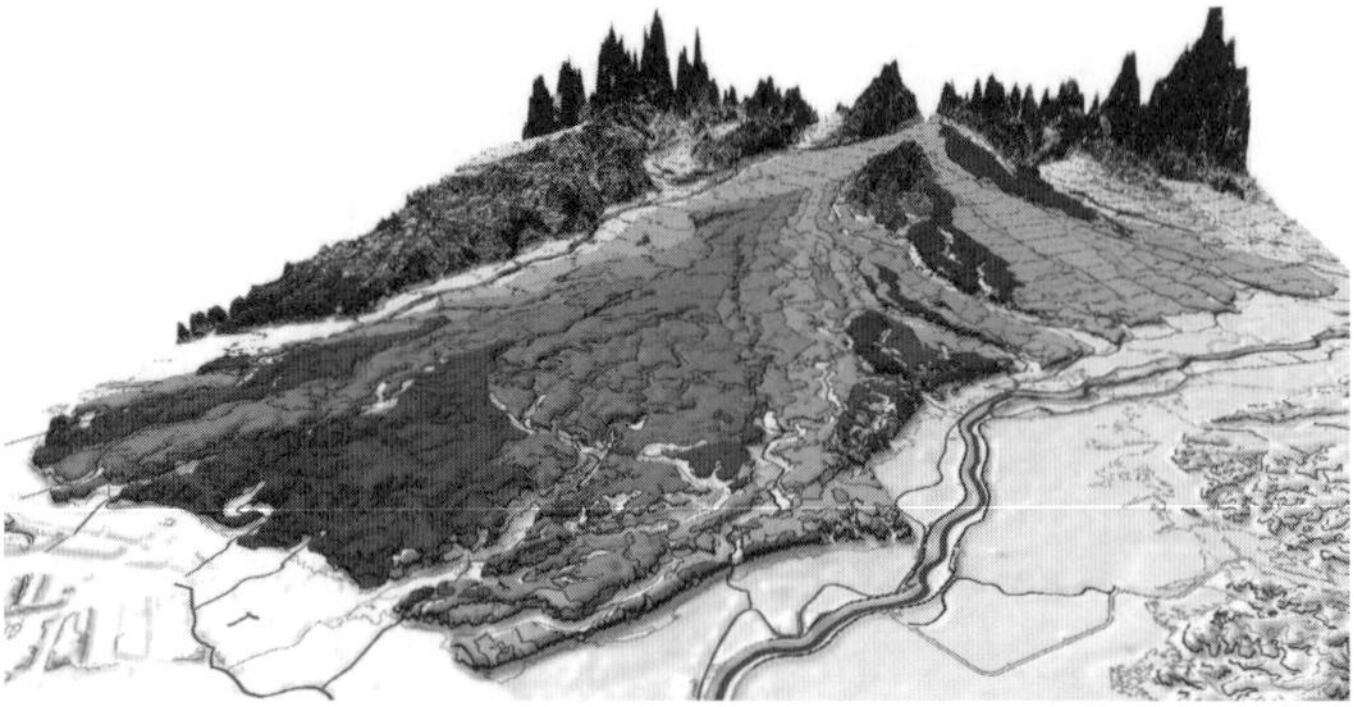

図 10.4　武蔵野台地の 3D 地形区分図です。好きな角度から時代ごとの地形を見ることができます。（口絵 18 参照）（遠藤ほか（2019）第四紀研究による）

３D地形区分図で古い地層と新しい地層の間をむき出せば、スナップショットで「海が下がったとき」「急激に上がったとき」「上がりきったとき」と復元が可能です。また、自由に角度や縦横比を変えられ、好きな方向からも見ることができます。

■古東京湾の生い立ちを知って防災に生かす

災害を予測するためには、地下に埋没している地形が重要なポイントになります。一見同じように見える場所でも、海が下がって谷が刻まれた場所に、その後、軟弱な地層がたまって平らになっているのか、それとも谷は刻まれないで、もっと古い地層が地下すれすれのところにあるのか、表面だけを見てみても、地面の下は分かりません。しかし、いざ地震が起こると、その揺れ方は全然違うものになります。

地震が起きて大地が揺れたとき、地震の波が軟弱な谷の中に入ってくると、長い周期の揺れになり増幅されるため、なかなか揺れがおさまらず軟弱な土地は非常に被害が出やすくなります。同じようなことは、人口の多い首都圏でも起こりかねない問題です。

現在、国土交通省のガイドラインが改定され、液状化のハザードマップを作成する際には、細かな地形の違いにも注目するようになりました。「昔の川が流れた時の河道の跡」「人工的に盛土をしたところ」「地下の地盤が軟弱で液状化しやすいと予測されるところ」など細かく地形を抜き出して、そのような場所は、危険性が高いと評価しています。

今見えている地上の地形から地下の地層の分布を推定することは、ようやくできるようになってきたところです。まだまだ足りない情報も多いですが、今後も調査を続け、３Ｄ地形区分図などを応用して、古東京湾全域の地史を明らかにしていきます。

また、過去の洪水で氾濫した時の堆積物や津波堆積物などのデータを基に、災害へのリスク評価も行っていく予定です。地形の生い立ちを見ながら、近年頻発する気象災害や地震、津波、液状化への備えに生かしたいと考えています。

質問コーナー

・「海」に関心を持ったきっかけは何ですか?

生命が海で誕生したことを絵本で知った時です。ようやく、小学校1年生の夏休みに、新潟の鯨波につれて行ってもらい、生まれてはじめて水平線を見た時には、本当にびっくりしました。

・古東京湾の研究をしたいときはどうしたらいいですか？

資料館や博物館の展示物、区市町村の史誌や報告書、地質資料などを調べる。貝塚遺跡や、古東京湾底の地層が露出する崖（露頭）を観察する。霞ヶ浦周辺などにあります。いまの東京湾岸の三番瀬、谷津干潟、小櫃川河口干潟などを観察するとイメージが湧くかもしれません。

・先生にとっての「海」とは？

海岸線などの古地理を復元する研究を通じて、海は大きくなったり、小さくなったり、高くなったり、低くなったり変動してきたこと、そうした海の変動の歴史は、人類の進化や移動の歴史と隣り合ってきたこと、を実感できるようになりました。

・中学生、高校生に向けたメッセージをお願いします。

海や山などの自然と接する体験をしてください。平野には、数年前から数千年前まで海底や川底だった場所があります。そうした場所は、地盤が軟弱で低いことも多く、地震の揺れや津波や洪水による災害の危険が潜んでいます。足元の土地の生い立ちにも注目してみてください。

さらに詳しく知りたい方へ

●書名：**東京の自然史（講談社学術文庫）**
著者：貝塚爽平
出版社：講談社
出版年：２０１１年（原本（増補第二版）は１９７９年に紀伊国屋書店より刊行）

●論文：**武蔵野台地の新たな地形区分**
著者：遠藤邦彦 他
雑誌：第四紀研究 58巻 6号 p.353-375
出版年：２０１９年
https://www.jstage.jst.go.jp/article/jaqua/58/6/58_353/_article/-char/ja

#II 過去の自然災害を読み解き未来へ生かす

東京大学地震研究所　地震火山情報センター
佐竹健治・五島朋子
取材・構成 藤井友紀子

■巨大地震と津波のメカニズム

日本は、地震や火山活動、台風や豪雨など自然災害の多い国です。特に地震は、毎日のように起きていて、2020年の1年間は震度1から大きな揺れまで数えると、1714回の地震がありました。

日本の過去100年を見ると、マグニチュード7以上の大きな地震は50回以上あり、マグニチュード8以上の巨大地震の規模や被害は甚大です。

日本で地震が多いのは、プレートがぶつかり合っているところに日本が位置するからです。プレートというのは、地球の表面を覆う岩盤のことです。地球は十数枚のプレートに覆われ、年間数センチメートルずつ、だいたい爪の伸びる速さで動いています。

プレートには「海のプレート」と「陸のプレート」があります。「海のプレート」と「陸のプレート」がぶつかり合うところでは、重い「海のプレート」が、ぶつかり合ったところから沈み込んでいきます。

プレートが沈み込むとき、滑ることができずに強くくっつき合った固着域ではひずみがたまり、このひずみに耐え切れなくなると、ある時一気に開放されて地震が起きます。この地震の起こり方は「海溝型地震」といいます。

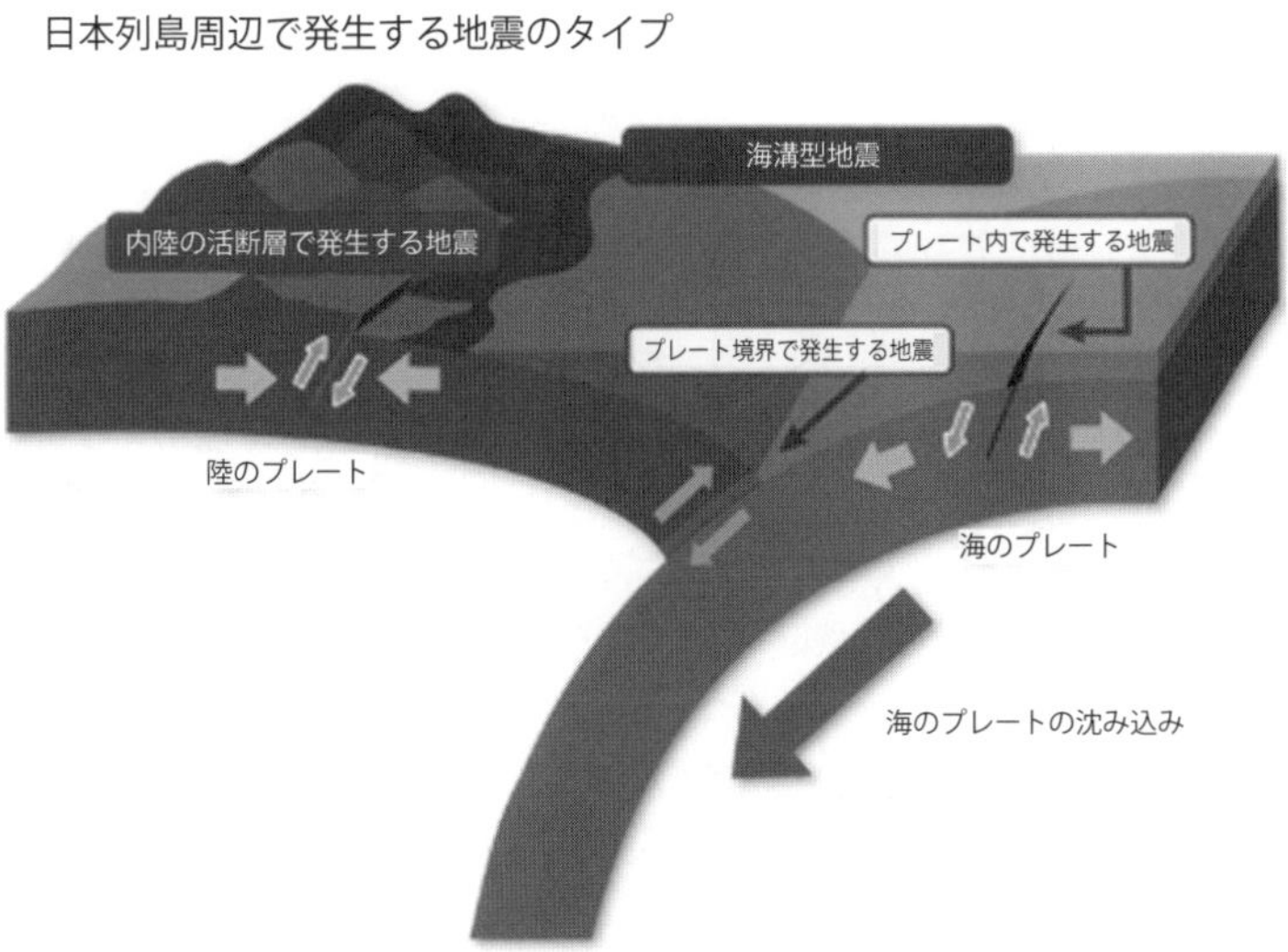

図 11.1　地震の起こる仕組み（出典：地震調査研究推進本部）

地震は陸が震源のときもあります。「陸のプレート」内部では、押されたり引っ張られたりする力が働いていて、やはりある時耐え切れずに断層を境にひずみが解放されて地震が起きます。これは「内陸地震(活断層による地震)」といいます。

地震が起こると「マグニチュードいくつ」「最大震度いくつ」と耳にしますが、「マグニチュード」と「震度」は別物です。

「マグニチュード」とは、地震の規模を数値で表したもので、震源から発する地震のエネルギーを指しています。マグニチュードの数字が一つ大きくなるごとに地震のエネルギーは32倍大きくなります。二つ大きくなると32×32＝1024となります。

「震度」は、地震の揺れの強さを数値にしたもので、ある地点での揺れの大きさを示したものです。同じマグニチュードの地震でも、震源からの距離や地盤の強弱の違いなどで、震度は変わります。

■津波に注意しよう

日本では、いつどこで地震が起きてもおかしくありません。そして、もし海辺やその近くで地震を感じたら、津波が来るかもしれないので、すぐに避難してください。

地震で海底が押し上げられると、その分の海水も持ち上がり津波となって押し寄せます。風の影響で海水の表面だけが動いて波として押し寄せる「波浪」とは異なり、津波は海底から海表面までが動く波として伝わり、海水が一気に塊となってやってくるため、その破壊力はすさまじいものです。

また、津波の進む速さもあなどれません。津波の速さは水深によって異なり、沖合では飛行機ほどの速さで伝わり、岸に近いところでも自動車ほどの速さがあるので、足に自信のある人でも逃げ切れません。海岸付近で地震の揺れを感じたら、まずは海岸線や低い土地から避難しましょう。

ところで、地震を感じていなくても津波が来ることがあります。１９６０年に南アメリカのチリで巨大地震が発生し、地震による津波で多くの人が犠牲となりました。チリで発生した地震を日本では感知しなかったのですが、地震発生から22時間半後、津波は太平洋を渡って日本に到達しました。東北地方の太平洋に面する三陸海岸では6メートルを超える高さの津波が遡上し、死者・行方不明者１４２人と大きな被害を受けました。

津波は地震発生によるものだけでなく、火山噴火が津波を引き起こす例もあります。

1792年に、長崎県島原市の雲仙岳東側にある眉山で、噴火による山体の崩壊が起き、大量の土砂が有明海に流れ込み、津波を発生させたのです。島原半島や対岸の肥後、天草などで、死者・行方不明者が約1万5000人に達しました。この大災害は「島原大変肥後迷惑」として歴史記録に残っています。

■過去にも繰り返されていた巨大地震

地震の記録を過去へさかのぼって調べていくと、巨大な地震が同じような場所で、繰り返し起きていたことが分かりました。

宮城県沖では、2011年の東北地方太平洋沖地震と同程度の超巨大地震（マグニチュード9）が、過去3000年の間に5回起きていて、約550〜600年間隔で発生していると考えられています。

南海、東南海では、1946年昭和南海地震、1944年の昭和東南海地震、1854年の安政東海地震・安政南海地震、1707年の宝永地震など南海地震と東南海地震に若干の時間差もありますが、ほぼ同時期に大きな地震が発生しています。さらに、東海地震まで連動して起きることもあり、この巨大地震は、概ね100〜200年間隔で繰り返し発生しています。

また、日本だけでなく海外でも同じような地震が繰り返し起きています。先ほど紹介したチリ地震は、同じ規模の地震が約300年間隔で起きています。他にも北アメリカやインドネシアなどでも同じ場所で繰り返し大きな地震が起きていることが分かっています。

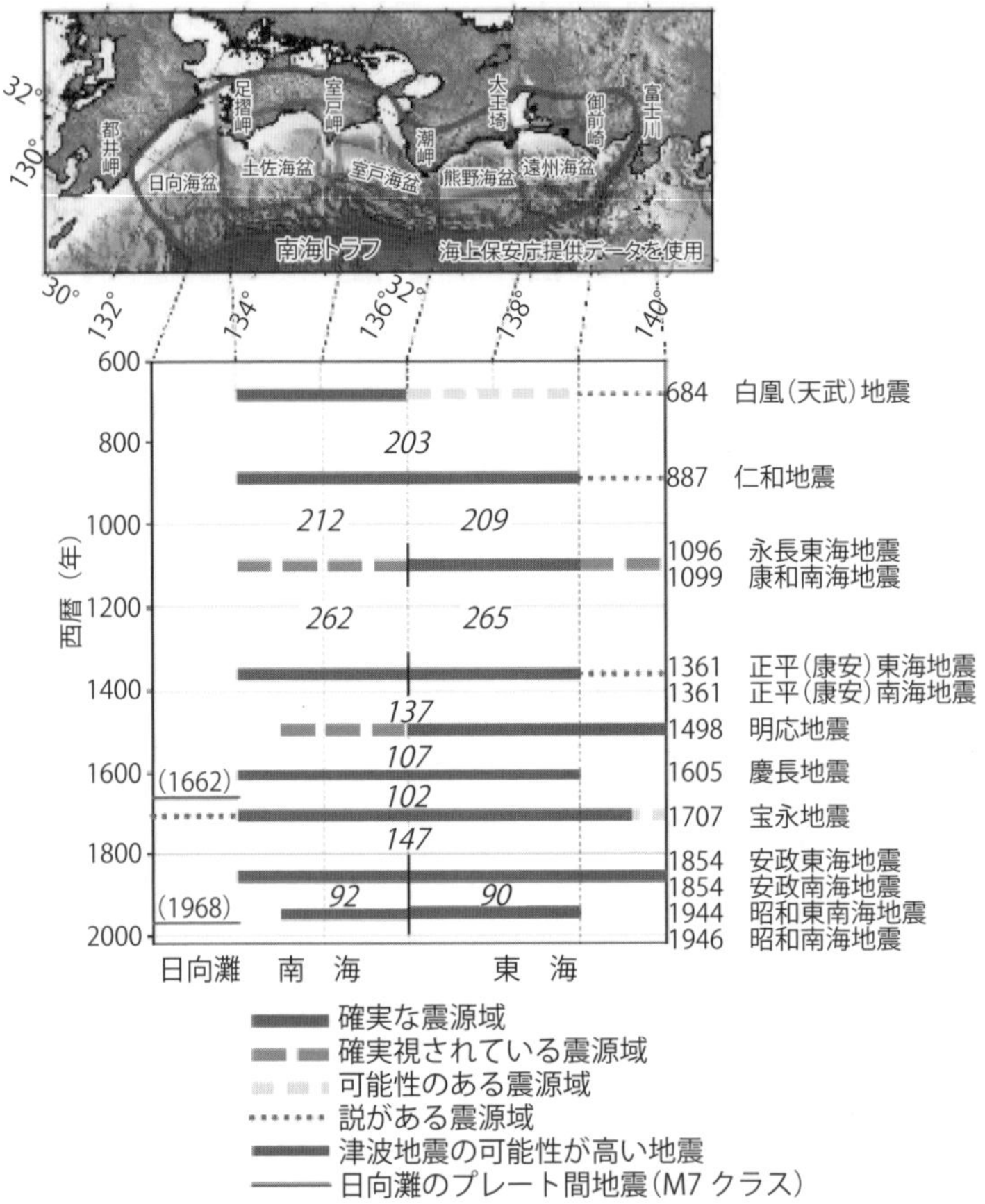

図 11.2　日向灘から東海までの範囲で、過去に発生した地震の記録
（出典：地震調査研究推進本部）

■地形が示す過去の地震

神奈川県の三浦半島の先端にある城ヶ島では、1923年の関東大地震（関東大震災）の前と後で海岸線の高さが変わってしまったところがあります。その差が分かりやすい場所として「馬の背洞門」が有名です。「馬の背洞門」は、馬の背のような大きな岩の一部が波や風雨に浸食されてぽっかりと穴が開いた場所です。関東大地震の前は、ここを満潮時に小舟が通っていましたが、地震の影響で一気に約1・5メートル隆起して、洞門の周囲の海面は岩場となってしまったため小舟は通れなくなりました。

千葉県館山市の海岸でも地震による隆起の痕を見ることができます。海面に近い方から「1923年の関東大地震で隆起した場所」その上の段は「1703年の元禄地震で隆起した場所」さらに、約2850年前、約4300年前、約6000年前の巨大地震と、次々に隆起した階段のような段丘を確認できます。

段丘は、その地震がいつ頃に起きて、どのくらいの規模だったのかを知る手掛かりとなります。

■津波シミュレーションで解く

869年に東北地方太平洋沿岸で起きた貞観地震は、地層に残る堆積物から津波の到達した位置がおおよそ分かっています。その場所まで津波が到達するには、どのくらいの規模の地震だったのかということを検証してみましょう。

この地震の発生原因は、プレート境界の断層だと考えられます。では、断層がどのくらいの範囲でどのくらいずれたら、貞観地震発生時の津波が起こるのでしょうか。ずれた断層の長さ、幅、すべり量などを細かく設定した10個の断層モデルを作りました。それぞれのモデルについて、貞観の地震が起きた当時の地形を再現した上で、計算機上において地震を起こしてみました。

「マグニチュード8クラスの規模だと海岸線にちょっと入るくらいだからこれは違う」とか「マグニチュード8・4だったら海岸線から数百メートルまで入っていくな」あるいは「マグニチュード9クラスに設定したらどうだろうか?」というようにシミュレーションしていき、実際の津波堆積物の分布と比べて当時の地震の規模を判断しました。すると、幅100キロメートル、すべり量7メートル以上、プレート間ですべった地震のモデルが、実際の堆積物の位置まで到達する津波を起こすことが分かりました。

このシミュレーションは、東北地方太平洋沖地震が起こる前に検証したものでした。その後、東北地方太平洋沖地震が起きて、その津波到達地点と貞観地震の津波到達地点を比べてみると、同じくらいのところまで津波が来ていたことが分かりました。

■歴史史料から知る

気象庁で地震の震度観測が行われるようになったのは1884年からです。当時は観測者が感じた揺れ方や周囲の状況から総合的に判断して震度が決められていましたが、1996年からは地震計データに基づいて行われるようになりました。

現在は、日本各地のさまざまなところに地震計が設置されていて、地震の規模などを機

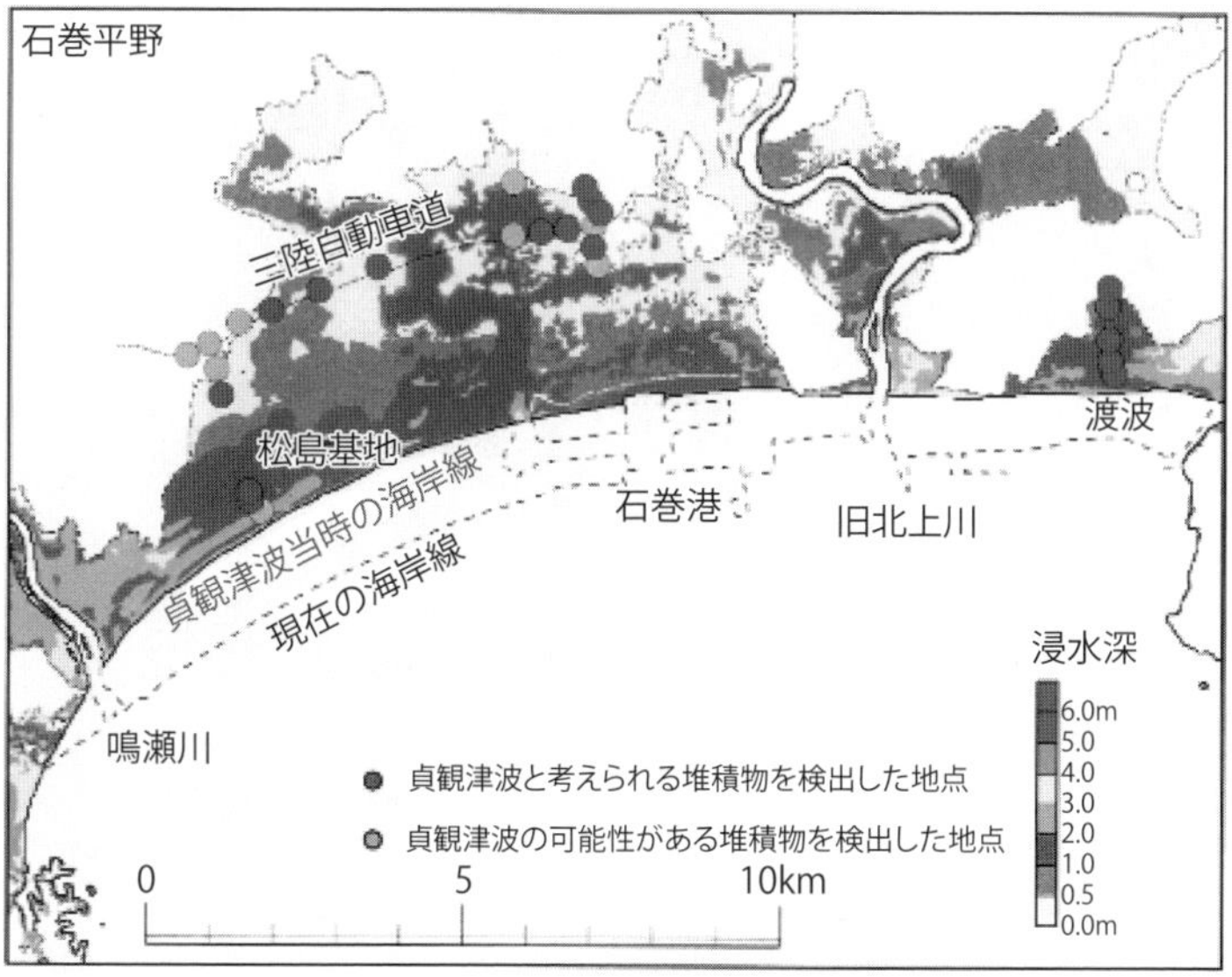

図 11.3　貞観地震による津波堆積物が確認された位置とシミュレーション結果。（口絵 19 参照）
（出典：産総研 AFERC ニュース　No.16 2010 年 8 月号　https://unit.aist.go.jp/ievg/report/jishin/tohoku/no.16.pdf）

械的に記録しています。地震が起きればすぐに震源やマグニチュード、震度がニュース速報で、あるいは地震の来る直前に緊急地震速報が流れます。

しかし、繰り返し起こる大地震の発生間隔は数十年から数百年と長く、江戸時代以前にはもちろん地震計による観測は行っていません。過去の地震の規模などはどのように判断すればよいのでしょうか。

そこで着目したのが古文書や古記録などの歴史史料です。日本は歴史史料が多く残っている国で、最も古くに「地震」という文字が記録されているのは、720年に完成した『日本書紀』です。先ほどお話した869年の貞観地震に

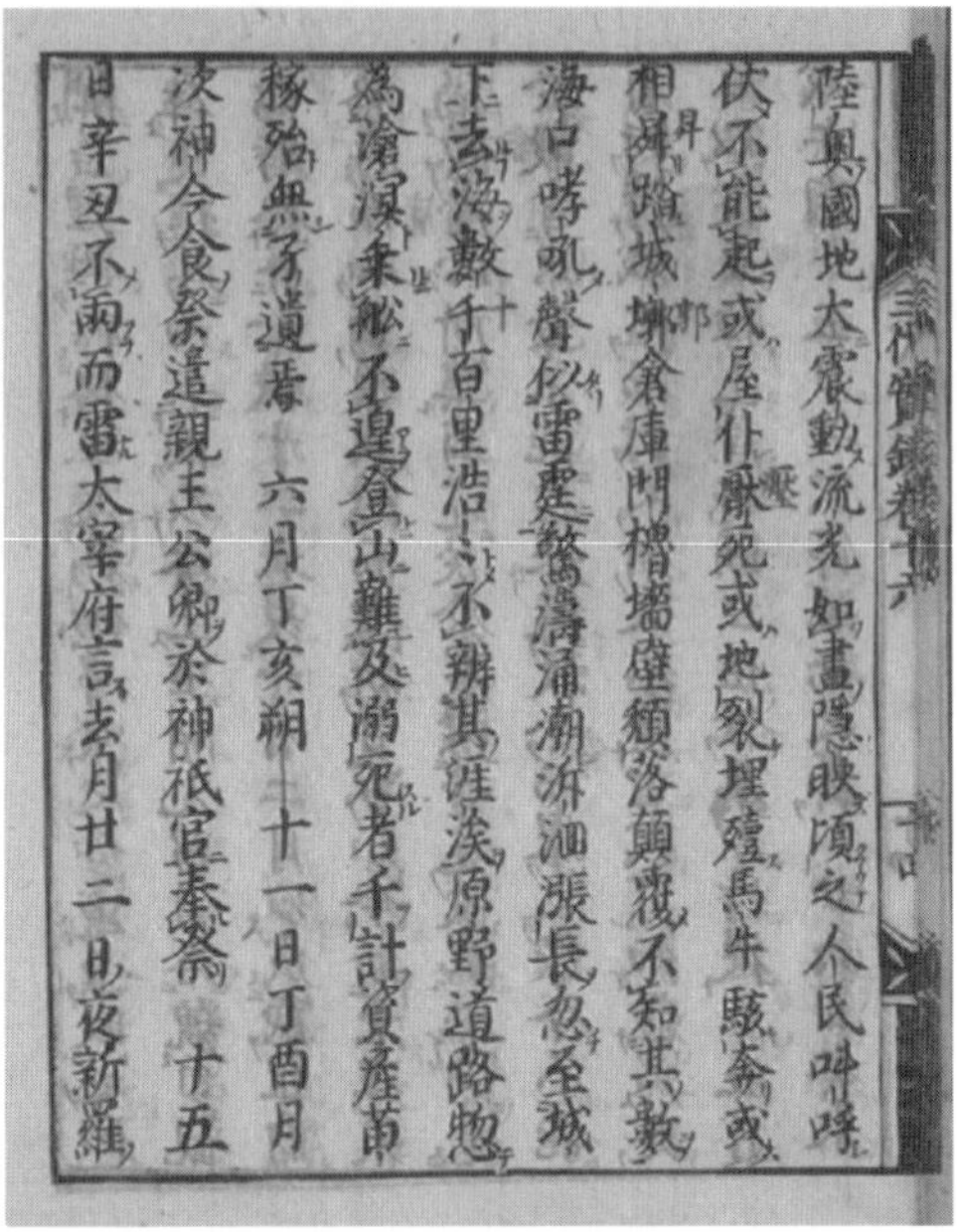

陸奥國地大震動流光如晝隠映頃之人民叫呼
伏不能起或屋仆壓死或地裂埋殪馬牛駭奔或
相昇踏城墎倉庫門櫓墻壁頽落顛覆不知其數
海口哮吼聲似雷霆驚濤涌潮泝洄漲長忽至城
下去海數十百里浩〻不辨其涯涘原野道路惣
爲滄溟乘船不遑登山難及溺死者千許資産苗
稼殆無孑遺焉　六月丁亥朔　十一日丁酉月
次神今食祭遣親王公卿於神祇官奉幣　十五
日辛丑不雨而雷太宰府言去月廿二日夜新羅

図 11.4　貞観津波について書かれている『日本三大実録』（京都大学附属図書館所蔵、平松家旧蔵）。現在の宮城県多賀城市周辺で、地震の揺れと地割れ、建物の崩壊、津波が襲来したことが書かれています。

ついては、六国史の一つ、『日本三代実録』に記録されています。

歴史史料の中では「マグニチュード」や「津波の高さは何メートル」という数字こそ書かれていませんが、どこで地震があって、どのあたりまで津波が来たか、何人死者がでたかということが分かります。

また、地震で海岸線の隆起や沈降が起こると争いが起きて、新しい土地をどう分けるか、隣村との境界線をどう作るか、ということが書かれた史料もあります。地震の記録を目的に書かれたものではないのですが、こういう歴史史料からも地震のことが分かるので、とても重要なものになります。

■日本全国どこで起こるか分からない自然災害

日本で起きる自然災害の中には、気象が関係する被害も多くあります。豪雨による河川の氾濫、台風などにより海水面が普段より異常に高くなる高潮、土砂くずれ、暴風雪などの被害は、毎年のようにニュースで耳にします。

気象による自然災害から命を守るために大切なことは、なぜ自然災害が発生するのかを学び、社会や地域の実態を知ることです。そして、日頃からの備えや、実際に災害が発生したときに避難行動がとれるようにしなければなりません。

しかし、河川が氾濫しやすいところ、土砂災害が起きやすいところなど各地域によって、災害発生の仕方や種類が異なることから、その対策はどこも同じではありません。

■地域に特有の災害と対策

令和2年7月豪雨による災害を受けた福岡県大牟田市の有明海沿岸は、標高が低く、台風のときには浸水や高潮の影響を受けやすい場所です。また矢部川や筑後川という大きな河川があり、洪水による氾濫の危険も高いところです。

この地域は、江戸時代よりも前から自然災害に悩まされてきた場所だったことが分かっています。江戸時代以降は、稲作を行うために、干拓地として海側にどんどん土地を広げていったところでした。そして、時代とともに土地活用のあり方が変化してきて、住宅や保育園、介護施設なども建設されるようになりました。現在は、土地の造成などによって、過去の地形が分からなくなっているところもあります。

この地域の災害への理解を深めるために、有明海に近い高校へ出前授業に向かいました。出前授業では、昔から高潮や河川の氾濫などが多いことや、歴史史料から明らかな過去の有明海沿岸地域の特性を伝えました。すると、「この地域は、江戸時代に干拓で海側に

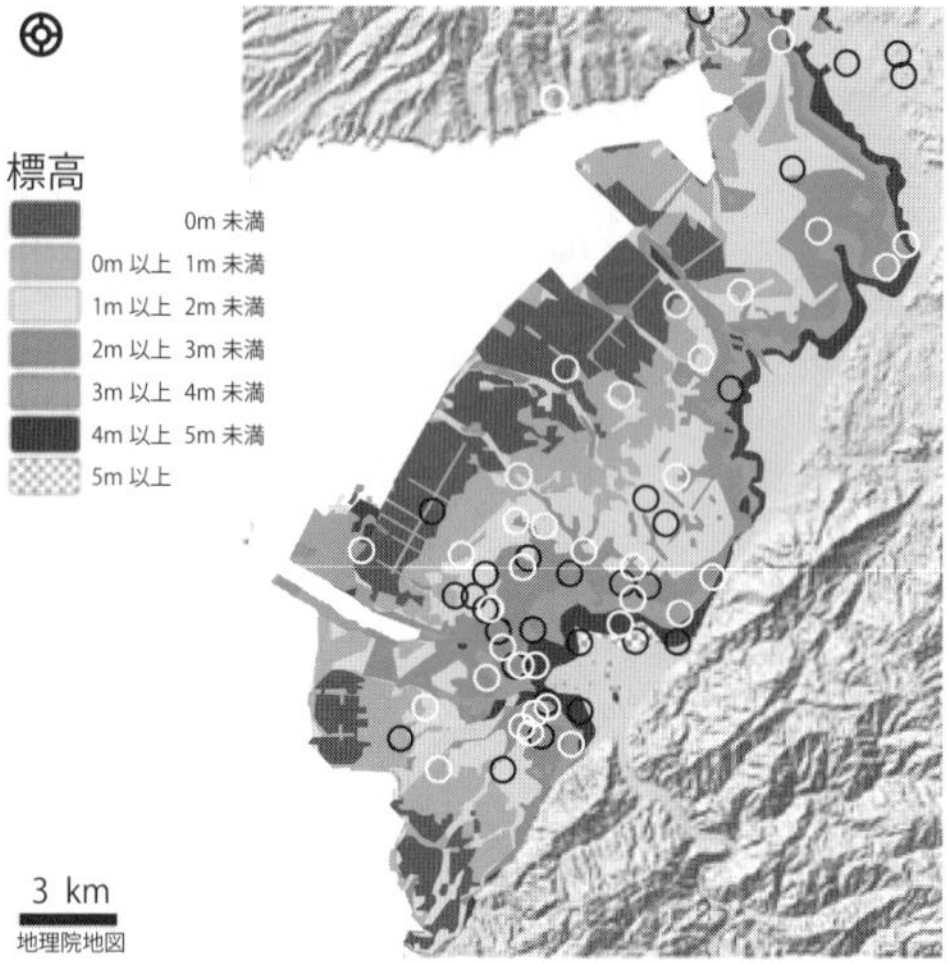

図 11.5　熊本県の八代平野における要配慮者施設の立地状況を示した図（研究対象地域とは異なります）。標高が 5 メートル以下の部分を色分けしています。江戸時代から干拓地として海側へ土地を広げていった部分で、標高が低いため津波や高潮の被害を受けやすい場所です。（口絵 20 参照）
（出典：土木学会安全問題討論会 '21「有明海・八代沿岸における要配慮者利用施設ならびに学校の災害対策に関する実態調査」）

土地を広げた場所で、海の高さと同程度のところが海沿いに広がっている。だから、津波や高潮が起きたときには、海と反対側へ逃げるのが安全」というような、地域に合った避難方法がおのずと見えてきました。

■「じぶん防災マップ」を準備しよう

いざ災害の危険があるとき、どのような対応をとったらよいのか迷ってしまうこともあるでしょう。皆さんの地域には、大雨で地盤が緩んだとき、河川が氾濫を起こしたとき、津波の浸水域などを想定したハザードマップが作られています。

そして、自分の住んでいる地域がどういう特性があるのか日頃から確認しておくことが大事です。その地域の災害史なども知っておくと役に立ちます。さらに、地域全体で防災活動を行えるように、家族や周りの人とも話し合ってみてください。

多くの人と話すことによって「過去にあの場所でこんな被害があった」「こんな氾濫があった」「ここで豪雨の時に土砂崩れが起きた」などの情報がたくさん集まってきます。

その情報を基に、オリジナルの「じぶん防災マップ」を作成すれば、災害時にきっと役に立つことでしょう。できるだけ多くの人と情報を共有して、地域防災への取り組みへとつなげてほしいです。

質問コーナー

・「海」に関心を持ったきっかけは何ですか?

佐竹　大学に入って、地球物理学を専攻し、地震や火山の研究を始めたのですが、大学院生の時に、日本海中部地震（1983年）による津波が発生しました。この津波によって多くの犠牲者が出たこと、テレビの映像や現地での調査で津波の被害を目の当たりにしたことがきっかけとなり、津波に関する研究を始めることになりました。

五島　地元は対岸に雲仙を臨む有明海沿岸です。小さい頃から海で遊ぶことが多かったです（外海でなく、海域が閉鎖された穏やかな海が大好きです）。有明海では、江戸時代に大きな津波が発生した歴史がありましたし、平成3年に雲仙普賢岳の火砕流による災害があった際は、私は中学校で裏山に駆け上る津波避難訓練を何度も繰り返しました。

・先生にとっての「海」とは?

佐竹　前述のように、「海」についての研究は津波から始めたので、海（津波）は被害をもたらす、というイメージでした。その後、調査船や有人潜水船による深海底の調査や、日本や海外の海岸で過去の地震による痕跡（津波堆積物や海岸段丘）の調査を通じて、海には未知の世界が広がっていることに気づきました。

五島　自分にとって「海」は、〝楽しい〟場所である一方、災害のことを考えると〝怖い〟存在でもありました。今、地震・津波の研究をしていますが、私の防災教育の原点は故郷の「海」ですね。

・中学生、高校生に向けたメッセージをお願いします。

佐竹　学校の授業は、身の周りの自然や社会、生活とどうつながっているのかを考え、調べてみると、興味が沸いてくると思います。私自身、天気をはじめとする自然現象が理科や数学で習ったことで説明できる、という面白さには気づいていました。最近になって、東日本大震災の１０００年前に起きた地震（平安時代の貞観地震）などを調べる際に、日本史や古文・漢文の知識が役に立つことに気づかされました。

五島　不思議に思ったことや、疑問に思ったことを、学校の先生や研究者の方々にぶつけてほしいです。今は、インターネットなどで文献を調べることもできます。面白そうな記事や論文を見つけたら、その記事が引用している論文などをさらに読んでみるなど、楽しみながら探究活動を行ってほしいです。

さらに詳しく知りたい方へ

●書名：**歴史のなかの地震・噴火—過去がしめす未来**
著者：加納靖之・杉森玲子・榎原雅治・佐竹健治
出版社：東京大学出版会
出版年：２０２１年

●書名：**東日本大震災の科学**
著者：佐竹健治・堀 宗朗（編）
出版社：東京大学出版会
出版年：２０１２年

●書名：**巨大地震・巨大津波—東日本大震災の検証**
著者：平田 直・佐竹健治・目黒公郎・畑村洋太郎
出版社：朝倉書店
出版年：２０１１年

COLUMN ⑩

探究活動のススメ
～〇〇博士を目指して～

気象庁津地方気象台
（前 東京大学地域未来社会連携研究機構　特任助教）
五島朋子

身の回りには多くの〝なぜ〟が存在しています。幼児なら「赤と青を混ぜたら何色になるかな？」、小学生なら「ミンミン蝉の鳴き声はきいたことあるけど、クマゼミは見たことがないのはなんで？」と、知りたいことや不思議に思うことが湧いてくる時期があります。いろいろな〝なぜ〟に向き合い、成長するにつれ、学校での授業や校外活動などを通して、いろんな〝なぜ〟が、〝なるほど〟に変わっていきます。知識として定着してくるんですね。知る喜びは、なにものにも代えがたい充足感を私たちに与えてくれるものです。そんなことから、人間の探究心は尽きることなく、「知りたい！」「解決したい！」という課題解決のとりこになってしまうのでしょう。

私は自然科学に関する分野で、大学院で勉強をしながら新しい発見をしたので「博士（環境学）」となりました。得意分野は、地震・津波の発生履歴に関する研究です。皆さんはハザードマップというものを見たことがあるでしょうか。このハザードマップ制作に役立つ研究です。地震の確率、という言葉を聞いたことがあるでしょうか。皆さんが住んでいる場所に、過去どのような地震が発生していて、その繰り返し間隔から、将来起こりうる確率はどれくらいか、というものです。歴史に残る古い地震の記録の一つに684年の白鳳《はくほう》（天武）地震があります。しかしながら、過去数千年にわたって繰り返し発生する地震の繰り返し間隔を求める際には、こういった歴史資料だけでなく、過去の地質記録が役に立ちます。

沿岸の陸上には、過去、地震が引き起こした津波によって海の堆積物が陸に打ち上げられた形跡が残っています。これを「津波堆積物」といいます。海に近い湖沼底を掘削すると、その痕跡が砂礫層として残っています。砂礫層は、普段私たちが海岸で目にするような海浜の砂に似ています。私は、そのような場所で地質調査を行い、津波の年代（すなわち、地震発生の年代）を推定していました（Ｇｏｔｏ、２０１９）。掘り当てた津波堆積物は何層もあり、過去その地域に津波が何度も襲来していたことが分かりました。その中には歴史地震と対比できるものもありましたし、記録に残っていない津波も何層もありました。地震の発生確率は、このような研究からも推定されており、災害史などの史料学と、地質調査などの科学的手法を融合させた研究、つまり文理融合型の研究ということになります。さらに、発掘した年代の津波堆積物が、他の地域でも発掘されたと

COLUMN ⑩

探究活動のススメ～○○博士を目指して～

なると、その津波（地震）の規模が大きい、ということになりますので、津波堆積物の分布状況から、過去どれくらいの波高の津波が押し寄せていたかを、数値計算でシミュレーションすることができます。

このようなことから、私はハザードマップの科学的根拠となる資料を集め、災害原理を理解するための新たな課題を発見する研究のとりこになっています。

こう考えていくと、研究活動がぐっと身近なものになると思います。皆さんも○○博士を目指して、ぜひ興味ある分野の研究者の方に積極的にアプローチしてみてはいかがですか？まずは、その研究者の論文など読んでみることから始めるのもいいかもしれません。学校の先生方も多分野へアンテナを張り巡らせていただいて、研究者の方と直接コミュニケーションをとるなどし、子どもたちの「知りたい！」という好奇心の芽を伸ばせるような学習環境づくりを作っていただけることを期待したいです。

参考文献

Goto, T., K. Satake, T. Sugai, T. Ishibe, T. Harada, and A.R. Gusman. Tsunami history over the past 2000 years on the Sanriku coast, Japan, determined using gravel deposits to estimate tsunami inundation behavior, Sedimentary Geology, vol.382, p85-102. 2019.

三陸沿岸での津波堆積物調査。白っぽく見える層が津波堆積物。（口絵 21 参照）

九十九里での津波堆積物調査。掘削器を用いて深度 2 メートル程度の地質試料が得られる。

COLUMN ⑪

海についてーーくどうれいん『氷柱《つらら》の声』を読むーー

東京大学大学院教育学研究科総合教育科学専攻
山名　淳

くどうれいんの『氷柱の声』（講談社、２０２１年）を読んだ。主人公の「いっちゃん」こと加藤伊智花は１９９４年生まれ。物語の冒頭、彼女は岩手県盛岡市のある高校の美術部員として登場する。２０１１年3月11日、高校2年生のときに東日本大震災が発生。その年の夏、高校生活で最後のコンクールに出展するが、震災を意識しながら絵を描く自分に、また周りからも大震災の文脈で作品が受け止められることにも言い表しがたい違和感を抱き続ける。

その後、伊智花はさまざまな人と出会う。その多くが、一言でいえば震災に関する〈周縁〉の記憶に苛まれる人びとだ。自分自身も被災したが、沿岸部を襲った津波の被害は受けてはいない。伊智花もまたそのうちの一人である。彼女の周縁意識が別の人たちの周縁意識と出会い、それに寄り添い、お互いを揺さぶり合い、そのことを通して自らの意識と折り合おうとする。『氷柱の声』は、津波の記憶を持たないという記憶と向き合う若者たちの物語である。

くどうは、創作の過程で、岩手県、宮城県、福島県にゆかりのある7名の若者たちに取材し、それぞれの話を聴いた後で自分自身の中に沈殿した声を書き起こした。そうしたことを礎として、「この作品の登場人物の人生に起きた「東日本大震災津波」という大きな出来事の、その、視界に収まりきらない大きさのこと」（同上書：１１８）を表現しようとした。容易には言い表しえない経験や記憶を、誰もが意識的にもしくは無意識的に、心の中に固くしまい込んでいる。小説は、ゆっくりと個別に氷解していくほかはないそれぞれの記憶に触れながら、それらを多声的に組み上げていく表現形式にもなりうる。虚構がそうした力を有していることを不思議に思う。『氷柱の声』に登場する「トーミ」も、「中鵜」も、「セリカさん」も、「葵さん」も、「松田」も、皆それぞれの現在を記憶との関係のなかで生きている。その生き方のそれぞれと接することで、伊智花はゆっくりと変化していく。物語の具体的な中身には、ここでは言及しないでおこう。

海岸から1キロメートルほどの場所で生まれた私にとって、海は身近な場所だった。海はほんとうにいろいろな顔を持つ。さざ波のリズムが心地よい穏やかな浜辺も、青空との境界線を消失させながら太陽をまばゆく反射させる輝く海面も、真冬の寒風とともに防波堤でしぶきを上げて荒々しく砕け散る波も。いずれの光景も心に滲みていて忘れられない。どの記憶にも、潮風の香りや辺りの空気の寒暖がともなっている。海から遠く離れて暮らすようになってから久しいが、それだけによりいっそう海の姿はそのいずれも愛おしい。津波の問題によって、海にまつわる感情はとても複雑なものになったが、できればその記憶の全てを手放したくない。

おわりに

海の探究の旅は、いかがでしたか。

海にはまだまだ分からないことがたくさんあって、様々な分野の研究者たちが、情熱をもって課題に挑戦していることが分かったのではないでしょうか。どの研究者も、計算機や実験室だけでなく、海という広大なフィールドに飛び出し、目的のためにときに新しい手法を自ら開発して、海の研究を進めていることが分かったと思います。

この10年で海の研究は大きく進展しました。各章では、その最先端の成果を紹介しています。こうした進展は、研究者たちのあくなき好奇心と挑戦があったことはもちろんですが、この10年の間に、さまざまな海の危機が顕在化したことにもよっています。危機の一つは、最後の章で触れられた東日本大震災の津波ですが、これは海（海洋プレート）の自然の営みが人間生活に危機をもたらした一つの例です。

一方、この10年の間に、海が現在、生物多様性の減少、海洋汚染、プラスチックごみ、地球温暖化など、人間活動が原因で起こっているさまざまな危機に直面しているとの認識が、研究者の間でも共有されるようになってきました。海の危機は、地球の危機であり、私たちの危機でもあります。本書の多くの章で、こうした問題に触れていました。研究者たちは、危機にある海の現状を正しく把握して、解決策を見出すことが必要だと考えています。

海の研究は、私たちの世代で終わるものでは決してありませんし、一つの問題が分かったと思っても、また次の問題が現れます。本書を読んだみなさんが、ぜひ海に対する純粋な好奇心から、海の研究を引き継いでくださることを、そして海の危機（それは地球の危機でもある）の解決策を導いてくださることを期待しています。

本書を作成するにあたり、サイエンスライターの紹介と原稿へのコメントをくださった、東京大学大学院新領域創成科学研究科の保坂直紀特任教授、研究者とサイエンスライターのインターフェイスをつとめてくださった、東京大学海洋教育センターの現・元特任研究員の梶川萌さん、進士淳平さん、嵩倉美帆さん、布施梓さん、原稿の編集をご担当くださった、㈱成山堂書店の小川典子社長、編集グループの皆さんに大変お世話になりました。厚くお礼申し上げます。

最後になりますが、本書で紹介した海の研究者と海洋教育をむすびつける活動を主導してくださいました、東京大学大学院教育学研究科附属海洋教育センターの田中智志センター長と、同センターを支援して下さった公益財団法人日本財団に、心から感謝いたします。

編著者　茅根創・丹羽淑博

索引

さ行

ま行

や・ら行

編著者略歴

茅根　創（かやね　はじめ）

１９５９年生まれ。東京大学大学院理学系研究科博士課程修了。理学博士。通産省（現経済産業省）地質調査所主任研究官を経て、現在は東京大学大学院理学系研究科地球惑星科学専攻、教授。専門分野は、地球システム学、サンゴ礁学。

丹羽　淑博（にわ　よしひろ）

１９６９年生まれ。北海道大学大学院理学研究科地球物理学専攻博士課程修了。理学博士。東京大学大学院教育学研究科附属海洋教育センターを経て、現在は国立極地研究所国際北極環境研究センター・特任研究員。専門分野は海洋物理、海洋教育。

執筆者略歴

青木かがり（あおき　かがり）

１９７９年生まれ。２００８年東京大学大学院農学生命科学研究科修了（農学博士）。東京大学大気海洋研究所や英国の University of St Andrews 等の研究員を経て、２０１８年より東京大学大気海洋研究所・助教。現在の所属は帝京大学生命環境学部。専門は鯨類の行動生態学、バイオメカニクスなど。

遠藤　一佳（えんどう　かずよし）

１９６３年生まれ。東京大学理学部卒。英国グラスゴー大学で PhD（地質学）取得。現在東京大学大学院理学系研究科地球惑星科学専攻教授。専門は分子古生物学、海洋ゲノム学。

岡　良隆（おか　よしたか）

１９５５年生まれ。東京大学理学系大学院博士課程中退。１９８３年東京大学理学博士。東京大学助教、准教授、教授を経て、２０２１年より東京大学名誉教授。専門分野は神経生物学、生体情報学。

黒木　真理（くろき　まり）

１９７９年生まれ。東京大学大学院農学生命科学研究

科博士課程修了。博士（農学）。東京大学総合研究博物館助教を経て、現在は東京大学大学院情報学環／大学院農学生命科学研究科准教授。専門分野は魚類生物学。

田近　英一（たぢか　えいいち）
１９６３年生まれ。東京大学理学部地球物理学科卒。同大学院理学系研究科博士課程修了。博士（理学）。東京大学大学院理学系研究科地球惑星科学専攻教授。公益社団法人日本地球惑星科学連合理事・前会長。専門分野は地球惑星システム科学。

川口　悠介（かわぐち　ゆうすけ）
１９８０年生まれ。最終学歴：北海道大学大学院　環境科学院。学位：環境科学博士。現職：助教。専門分野：極域海洋物理学、雪氷学。

小平　翼（こだいら　つばさ）
１９８７年生まれ。２０１４年東京大学大学院新領域創成科学研究科博士課程修了。博士（環境学）。カナダ　ダルハウジー大学ポスドク研究員を経て、現職は東京大学大学院新領域創成科学研究科講師。専門分野は応用海洋物理学。

日比谷紀之（ひびや　としゆき）
１９５７年生まれ。東京大学大学院理学系研究科地球物理学専攻博士課程修了、理学博士。現在は東京大学名誉教授、東京海洋大学客員教授、（国研）海洋研究開発機構招聘上席研究員。専門分野は海洋力学、海洋波動理論、深海乱流。

須貝　俊彦（すがい　としひこ）
１９６４年生まれ。東京大学理学部卒。同理学系研究科地理学専攻博士後期課程修了。博士（理学）。東京大学教養学部助手、地質調査所研究官を経て、東京大学大学院新領域創成科学研究科教授。専門分野は自然地理学、第四紀学。

佐竹　健治（さたけ　けんじ）
１９５８年生まれ。北海道大学大学院修士課程修了、東京大学大学院博士課程中退。理学博士。東京工業大学、カルフォルニア工科大学、ミシガン大学、工業技術院地質調査所、産業技術総合研究所活断層研究センターを経て、東京大学地震研究所教授。専門は巨大地震・巨大津波。

五島（石辺）朋子（ごとう（いしべ）ともこ）
１９７６年生まれ。東京大学大学院博士課程修了。博士（環境学）。東京大学地震研究所特任研究員、東

京大学地域未来社会連携研究機構特任助教、気象庁津地方気象台南海トラフ地震防災官を経て、現在は気象庁にて地震津波防災官。専門は地質地震学、防災教育。

＊＊＊＊＊＊＊＊＊＊＊＊＊＊

大谷　有史（おおたに　あみ）

１９８６年生まれ。修士（理学）。化学や生化学に関する研究に関わる中でサイエンスコミュニケーションに興味を持つ。高校総合文化祭広島大会サイエンスカフェなどの企画・運営。「Science Portal」科学技術振興機構Ｗｅｂサイトなどで執筆。

工樂　真澄（くらく　ますみ）

１９６９年生まれ。神戸大学自然科学研究科博士課程（後期）修了。博士（理学）。専攻は分子進化学、発生生物学。国立研究機関での研究生活を経て、現在は小中高生対象の理科に関する業務と、基礎科学や技術、医療に関する記事の執筆に従事。

橋本裕美子（はしもと　ゆみこ）

１９７９年生まれ。東京大学新領域創生科学研究科修了。修士(環境学)。専攻は海底物理。科学コミュニケーターとして国立科学館でイベントの企画／運営や科学広報などに従事した後、現在は戦略コンサルタント。

プライベートで親子向け防災講座などにも携わる。

藤井友紀子（ふじい　ゆきこ）

サイエンスコミュニケーター　地球科学に関する研究所や科学館職員を経て、科学を分かりやすく伝えることに興味を持つ。「Science Portal」科学技術振興機構ｗｅｂサイト、『地球のお話３６５日』技術評論社、『ジオルジュ』日本地質学会広報誌などで執筆。

＊＊＊＊＊＊＊＊＊＊＊＊＊＊

小川　展弘（おがわ　のぶひろ）

１９８０年生まれ。北海道大学大学院水産科学院博士課程修了単位取得後退学。博士（水産科学）。物質・材料研究機構　電子顕微鏡ステーション・ポスドク研究員などを経て、現在は東京大学大気海洋研究所・技術専門職員。専門分野は海洋生物生理学、水産無脊椎動物学、形態学。

進士　淳平（しんじ　じゅんぺい）

前・東京大学大学院教育学研究科附属海洋教育センター。専門は甲殻類および貝類を対象とした生理学および生態学。

梶川　萌（かじかわ　もえ）
東京大学大学院教育学研究科総合教育科学専攻基礎教育学コース博士課程単位取得満期退学。教育学修士。一般社団法人３７１０Ｌａｂ所属、東京大学大学院教育学研究科附属海洋教育センター・特任研究員（兼任）。専門分野はアメリカ教育思想・教育哲学。

嵩倉　美帆（たかくら　みほ）
京都大学大学院教育学研究科臨床教育学講座臨床教育学専攻博士後期課程単位取得満期退学。教育学修士。東京大学大学院教育学研究科附属海洋教育センター・特任研究員を経て、現在は公益財団法人笹川平和財団海洋政策研究所・海洋事業企画部・海洋教育チーム・研究員。専門分野は、臨床教育学、幼児教育・保育、海洋教育。

山名　淳（やまな　じゅん）
１９６３年生まれ。広島大学大学院教育学研究科博士課程単位取得退学。博士（教育学）。現在、東京大学大学院情報学環／教育学研究科教授。専門分野は教育哲学・思想史。

東京大学《とうきょうだいがく》の先生《せんせい》が教《おし》える海洋《かいよう》のはなし

定価はカバーに
表示してあります。

2023 年 3 月 8 日　初版発行
2024 年 3 月 18 日　再版発行

編著者　東京大学大学院教育学研究科附属海洋教育センター
茅根《かやね》 創《はじめ》　丹羽《にわ》淑博《よしひろ》 編著
発行者　小 川 啓 人
印 刷　倉敷印刷株式会社
製 本　東京美術紙工協業組合

発行所 株式会社 成山堂書店
〒160-0012　東京都新宿区南元町 4 番 51　成山堂ビル
TEL：03(3357)5861　FAX：03(3357)5867
URL　https://www.seizando.co.jp
落丁・乱丁はお取り替えいたしますので、小社営業チーム宛にお送りください。

Printed in Japan　ISBN978-4-425-53191-2

本書は公益財団法人日本財団の助成によるものです。